기초전자실험

신동욱 저

Ohm사

주 의

1. 본 보고서는 지식경제부의 대학 IT전공역량강화사업(NEXT)의 수행 결과입니다.

2. 본 보고서의 내용을 발표할 때에는 반드시 지식경제부의 사업 결과임을 밝혀야 합니다.

3. 국가과학기술 기밀유지에 필요한 내용은 대외적으로 발표 또는 공개할 수 없습니다.

머리말

현대의 전기, 전자, 컴퓨터 및 정보통신 분야의 발전은 실로 그 앞날을 예측할 수 없을 정도로 빠르게 발전하고 있다. 이들 분야들의 기술은 매우 다양하고 광범위하여, 이 분야를 처음 접하는 학생들이 자기의 전문기술 영역을 구축하는 데에는 상당한 노력과 시간이 소요되게 된다.

어떠한 분야를 전공하더라도 반드시 거쳐야 할 기초적이고 필수적인 공통과정이 있으며, 이 과정을 어떠한 방법으로 얼마나 충실하게 학습하느냐가 앞으로 자기 전공분야의 기술을 이해하고 발전시켜 나가는데 매우 중요하다고 할 수 있다.

본 실습교재는 전기, 전자, 컴퓨터 및 정보통신 분야를 처음 학습하는 학생들을 대상으로 한 기초실습과정의 교재이다.

본 교재는 전자회로를 구성할 때 가장 널리 사용되는 소자들을 대상으로 이들 소자의 동작원리를 설명하고 간단한 회로를 제시하여 소자의 기본적인 활용을 이해할 수 있도록 하였다.

이 책을 준비함에 최선의 노력을 하였으나 내용면에서 부족한 점이나 뜻하지 않은 오류 등에 대하여 걱정하지 않을 수 없으며, 부족한 부분에 대해서는 지속적인 수정과 보완을 약속드리는 바이다.

부족함이 많은 저자가 작성한 이 책이 전공을 공부하는 학생들에게 많은 도움이 되기를 기원하며, 본 교재가 발간 될 수 있도록 많은 도움을 주신 여러분들께 지면을 빌려 감사드립니다.

2011년 8월 저자 신동욱 씀.

차 례

부록 장비 사용법

실험 01
접합 다이오드의 특성

1. 실험 목적

(1) 접합 다이오드의 전압-전류 특성을 이해한다.
(2) 접합 다이오드의 기능을 이해하고 실험을 통해서 확인한다.

2. 기본 이론

반도체는 도체와 부도체의 중간 도전율을 갖는 물질로서 온도 변화, 빛의 조사 등 외부의 에너지 공급이나 불순물 첨가와 같은 조건 등에 따라 그 도전율이 크게 변하는 특성을 가지며, 반도체는 불순물의 첨가 여부에 따라 진성 반도체(intrinsic semiconductor)와 외인성 반도체(extrinsic semiconductor)로 구분된다. 진성 반도체는 불순물이 첨가되지 않은 순수한 반도체 결정으로서 외부에서 에너지를 인가하지 않으면 도전율이 매우 낮은 부도체 성질을 나타낸다. 외인성 반도체는 진성 반도체에 임의의 불순물을 첨가시켜 자유전자나 홀(hole)을 생성시킴으로써 도체와 부도체의 중간적인 도전율을 갖게 한 것이며, 첨가되는 불순물의 종류에 따라 n형 또는 p형 반도체로 구분된다.

진성 반도체의 중요한 원소들은 4족에 있으며, 대표적인 원소로는 Si(실리콘)과 Ge(게르마늄)이 있다. Si는 최외곽 전자가 4개로서 주변에 4개의 Si 원자와 각각 1개씩의 최외곽 전자를 공유함으로써 안정된 구조를 형성한다. 따라서 이 구조의 경우 에너지를 가하지 않으면 자유전자나 홀이 발생하지 않으므로 부도체의 성질을 갖는 진성 반도체가 된다.

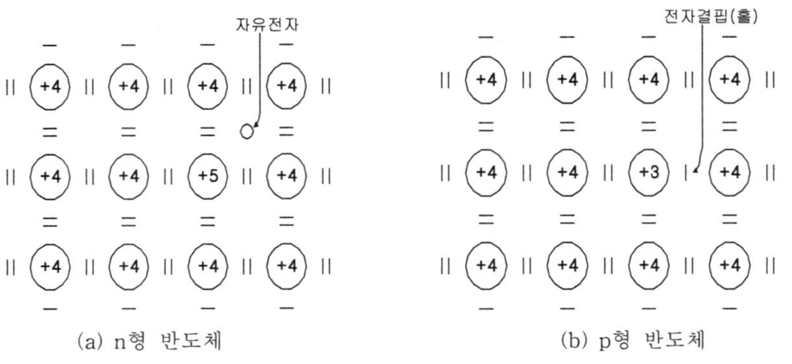

[그림 1-1] 외인성 반도체

n형 반도체는 최외곽 전자가 4개인 Si에 [그림 1-1(a)]와 같이 최외곽 전자가 5개인 5가 원소(doner) P(인), As(비소), Sb(주석) 등을 첨가한 반도체이다. n형 반도체에서는 5가 원소의 5개 최외곽 전자 중 4개가 Si의 최외곽 전자 4개와 공유결합하고 1개의 잉여전자가 남게 되며, 이 잉여전자는 어떤 원자에도 구속되지 않기 때문에 자유전자가 되어 전류가 흐르게 된다.

p형 반도체는 최외곽 전자가 4개인 Si에 [그림 1-1(b)]와 같이 최외곽 전자가 3개인 3가 원소(accepter) B(보론), Al(알루미늄), Ga(갈륨) 등을 첨가한 반도체이다. p형 반도체에서는 3가 원소의 최외곽 전자 3개가 Si의 최외곽 전자 3개와 공유결합하지만, 공유결합을 하지 못한 1개의 정공(홀)이 발생하게 된다. 이 정공에는 다른 전자가 이동하여 채워질 수 있게 되어 전류가 흐르게 된다.

다이오드는 [그림 1-2]와 같이 p형 반도체와 n형 반도체를 접합시켜 만든다. p형과 n형 반도체를 접촉시키면 접합부분에서는 p형의 홀과 n형의 전자가 농도의 차이를 보임으로써, p형의 홀은 n형 쪽으로, n형의 전자는 p형 쪽으로 확산운동을 하게 된다. 홀을 잃어버린 p형의 억셉터 이온은 음으로 대전하며, 전자를 잃어버린 n형 도우너 이온은 양으로 대전하게 되어 이들 접합부에는 매우 큰 전계가 형성된다. 이 전계는 홀과 전자의 확산운동을 억제하는 방향으로 향하게 되어 농도 차에 의한 확산운동과 평형을 이룰 때까지 전자와 홀을 이동하게 한다.

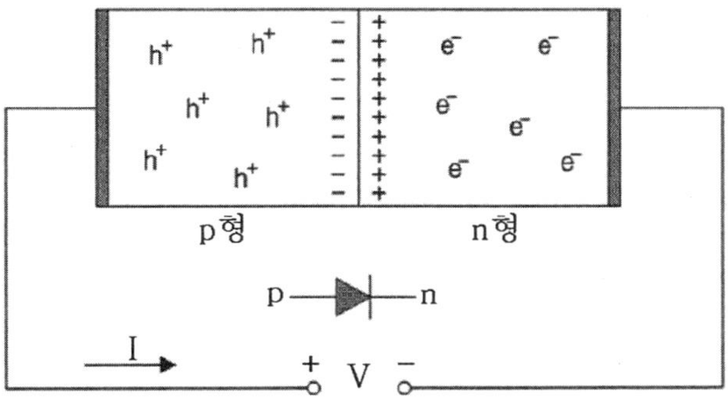

[그림 1-2] pn 접합다이오드

한편, 양쪽으로 이동한 전자와 홀은 이동된 곳의 홀 또는 전자와 재결합하여 그 곳에는 전자와 홀이 존재하지 않고 전하만 존재하는 공간전하영역을 형성한다. 접합부분에는 매우 큰 전계가 만들어지므로 두 영역 간에 전위차를 갖게 된다. 이를 접촉전위라 부르며, 이는 다이오드의 특성을 결정하는 주요인자가 된다.

다이오드는 바이어스 방법에 따라 순방향 또는 역방향 바이어스로 구분된다. 순방향 바이어스에서는 p형 영역의 단자(anode)에 양의 전극을, n형 영역의 단자(cathode)에 음의 전극을 각각 연결시켜 인가되는 전압의 크기에 따라 다이오드에 흐르는 전류의 크기가 변하게 된다. 인가전압을 0V에서 서서히 증가시켜 접촉전위(Si 다이오드 경우 약 0.6V, Ge 다이오드 경우 약 0.2V)를 넘게 되면 p형 영역의 홀은 공간전하영역의 전계를 거슬러 n형 영역으로 이동하게 되며, n형 영역의 전자는 p형 영역으로 이동하여 전류를 형성하게 된다.

역방향 바이어스의 경우는 순방향 바이어스의 경우와 반대방향으로 전압이 인가되도록 연결하는 것으로써, 0V에서 음의 방향으로 인가전압을 증가시켜도 다이오드에 흐르는 전류는 거의 0에 가깝다. 전류를 형성하기 위해서는 n형 영역의 홀과 p형 영역의 전자가 공간전하영역을 통과하여야 하지만, 이들 캐리어는 각각의 영역에서 농도가 매우 작은 소수 캐리어이므로 전류를 거의 형성하지 못한다. 역방향으로 최대로 인가할 수 있는 전압, 즉 PRV(peak reverse voltage) 이상의 전압을 역방향으로 인가하면 다이오드는 파손된다.

이와 같이 다이오드는 인가전압의 방향에 따라 흐르는 전류를 제어할 수 있으므로 스위치로 이용할 수 있으며, 교류전압을 직류전압으로 변환시키는 정류회로 등의 기본소자로 널리 사용된다.

다이오드의 극성과 심볼은 [그림 1-3]과 같으며, 띠가 있는 쪽이 캐소드(-) 반대쪽이 애노드(+)를 나타낸다.

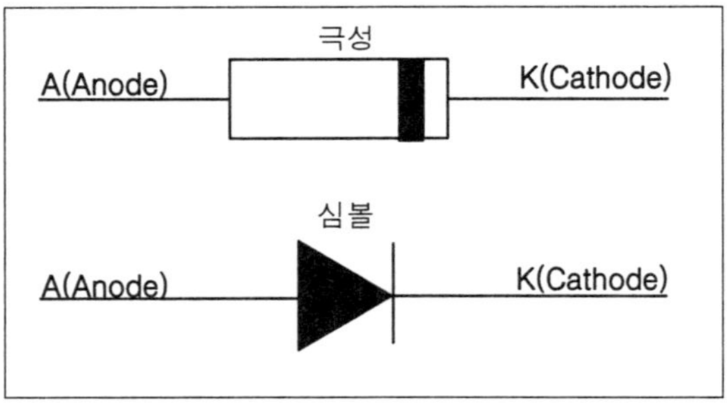

[그림 1-3] 다이오드 극성과 회로도 심볼

3. 예비 과제

(1) 다이오드는 바이어스 방향에 따라 기계적인 스위치로 생각할 수 있다. 그 이유를 설명하시오.

(2) 디지털 멀티미터로 다이오드의 극성을 구분할 수 있는 방법을 설명하시

오. (부록 디지털 멀티미터 사용법 참조)

4. 실험 방법

4.1 사용기기 및 부품

기기 : 전원 공급기, 디지털 멀티미터

부품 : 저항 - 1kΩ

Si 다이오드 - 1N4004

4.2 실험 순서

(1) [그림 1-4]의 회로를 구성하고 인가전압을 0V에 맞춘 다음 서서히 증가시켜 흐르는 전류값이 0.2mA가 되도록 조절한 후, 다이오드 양단의 전압을 [실험표 1-1]에 기록하시오.

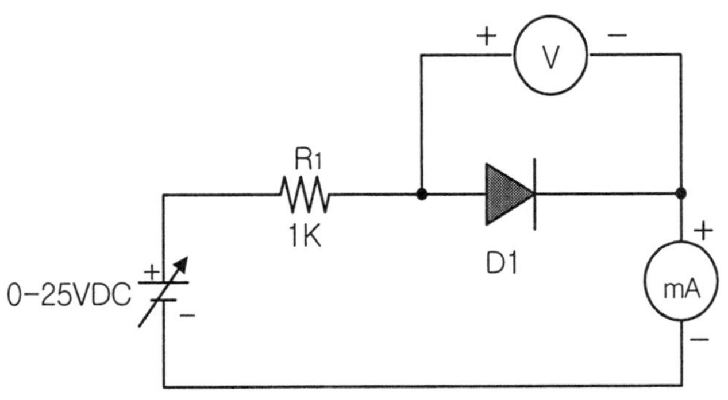

[그림 1-4] 다이오드 특성 측정회로

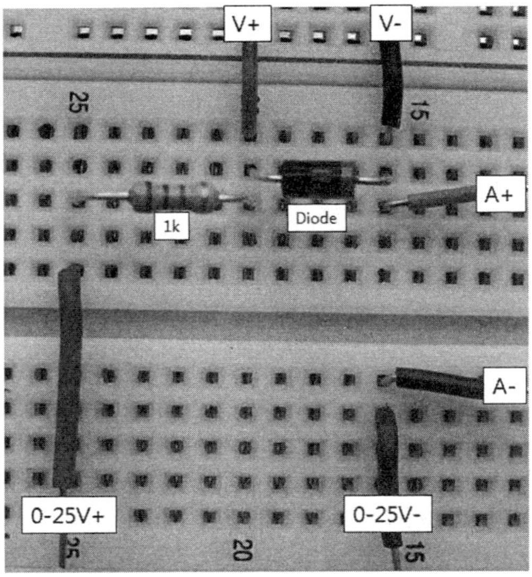

[그림 1-5] 회로 배선 참조도

(☞ **주의** : 전류를 측정할 때는 V+, V- 단자를 개방한 상태로 두고,
전압을 측정할 때는 mA+, mA-단자를 연결한다.)

(2) [실험표 1-1]에 지정된 각각의 전류값에 대해서 위의 실험을 반복하여 그 결과를 기록하시오.

(3) 각각의 측정값에 대해 Ohm의 법칙을 적용하여 다이오드의 저항을 계산한 후 그 결과를 [실험표 1-1]에 기록하시오.

(4) 전원 공급기를 제거한 다음 다이오드를 역방향 바이어스가 되도록 반대로 연결하시오. 전원 공급기를 다시 연결한 다음 공급 전압이 10V가 되도록 조정하고 이때의 전류값을 측정하여 [실험표 1-2]에 기록하시오.

(5) 전원 공급기의 공급전압을 20V로 조정하고 이때의 전류값을 측정하여 [실험표 1-2]에 기록하시오.

(6) [실험표 1-1]과 [실험표 1-2]의 결과를 이용하여 [실험표 1-3]에 다이오드의 전압-전류 특성곡선을 그리시오.

5. 실험 결과 및 고찰

(1) [실험표 1-1], [실험표 1-2]의 실험결과를 토대로 접합 다이오드가 순방향 바이어스와 역방향 바이어스에서 어떻게 동작하는지 기술하시오.

(2) 위의 특성곡선으로 볼 때 다이오드는 선형 소자(linear device)인지, 비선형 소자(nonlinear device)인지를 확인하고 그 판단 근거를 밝히시오.

HY

1N4001 thru 1N4007

PLASTIC SILICON RECTIFIERS	REVERSE VOLTAGE - **50** to **1000** Volts FORWARD CURRENT - **1.0** Amperes

FEATURES

- Low cost
- Diffused junction
- Low forward voltage drop
- Low reverse leakage current
- High current capability
- The plastic material carries UL recognition 94V-0

DO- 41

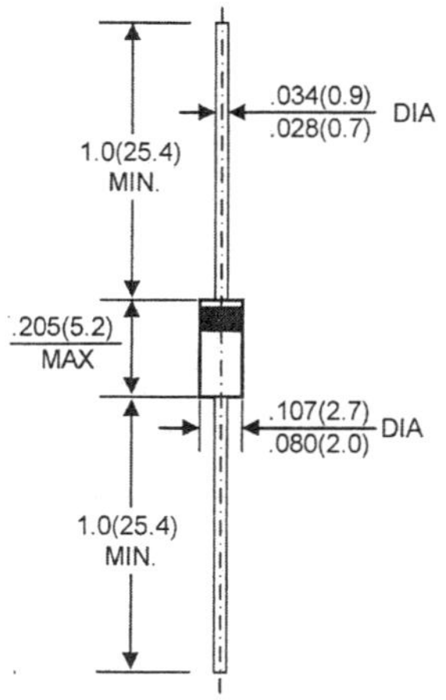

Dimensions in inches and (millimeters)

MECHANICAL DATA

- Case: JEDEC DO-41 molded plastic
- Polarity: Color band denotes cathode
- Weight: 0.012 ounces , 0.34 grams
- Mounting position :Any

MAXIMUM RATINGS AND ELECTRICAL CHARACTERISTICS

Rating at 25℃ ambient temperature unless otherwise specified.

Single phase, half wave ,60Hz, resistive or inductive load.

For capacitive load, derate current by 20%

CHARACTERISTICS	SYMBOL	1N4001	1N4002	1N4003	1N4004	1N4005	1N4006	1N4007	UNIT
Maximum Recurrent Peak Reverse Voltage	V_{RRM}	50	100	200	400	600	800	1000	V
Maximum RMS Voltage	V_{RMS}	35	70	140	280	420	560	700	V
Maximum DC Blocking Voltage	V_{DC}	50	100	200	400	600	800	1000	V
Maximum Average Forward Rectified Current @T_A=75 ℃	$I_{(AV)}$	1.0							A
Peak Forward Surge Current 8.3ms Single Half Sine-Wave Super Imposed On Rated Load (JEDEC Method)	I_{FSM}	30							A
Maximum Forward Voltage at 1.0A DC	V_F	1.1							V
Maximum DC Reverse Current @T_J=25℃ at Rated DC Blocking Voltage @T_J=100℃	I_R	5.0 50							uA
Typical Junction Capacitance (Note1)	C_J	15							pF
Typical Thermal Resistance (Note2)	$R_{θJC}$	26							℃/W
Operating Temperature Range	T_J	-55 to +125							℃
Storage Temperature Range	T_{STG}	-55 to +125							℃

NOTE:1.Measured at 1.0 MHz and applied reverse voltage of 4.0V DC.

2.Thermal resistance junction of ambient

RATING AND CHARACTERISTIC CURVES
1N4001 thru 1N4007

FIG. 1 - FORWARD CURRENT DERATING CURVE

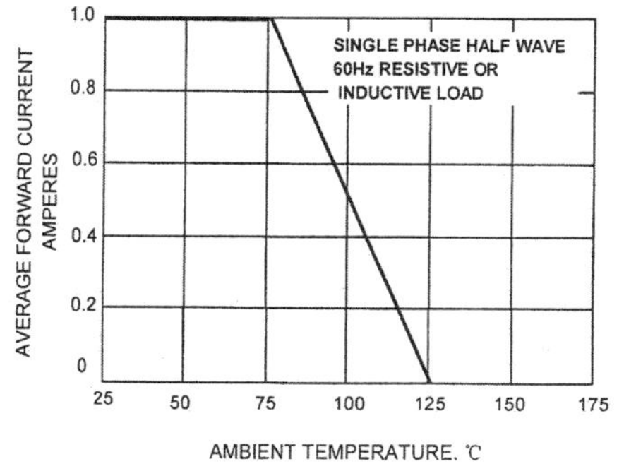

FIG. 2 – MAXIMUM NON-REPETITIVE SURGE CURRENT

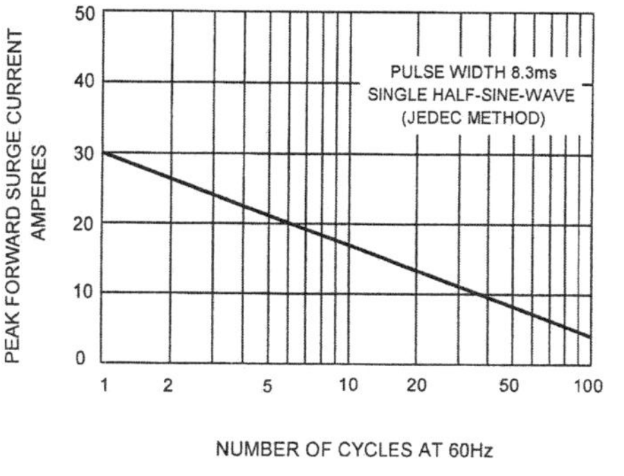

FIG. 3 – TYPICAL JUNCTION CAPACITANCE

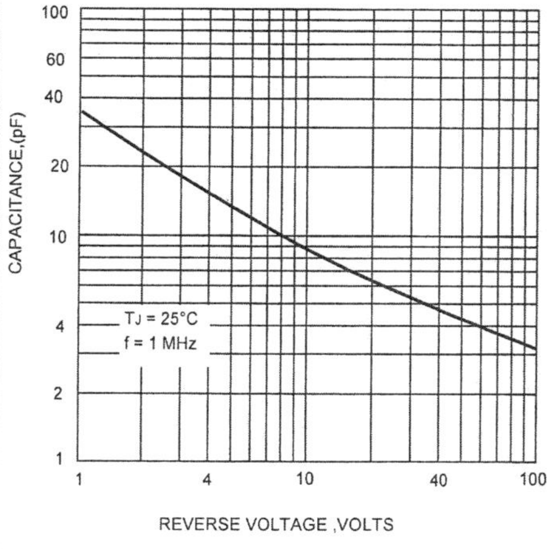

FIG.4 – TYPICAL FORWARD CHARACTERISTICS

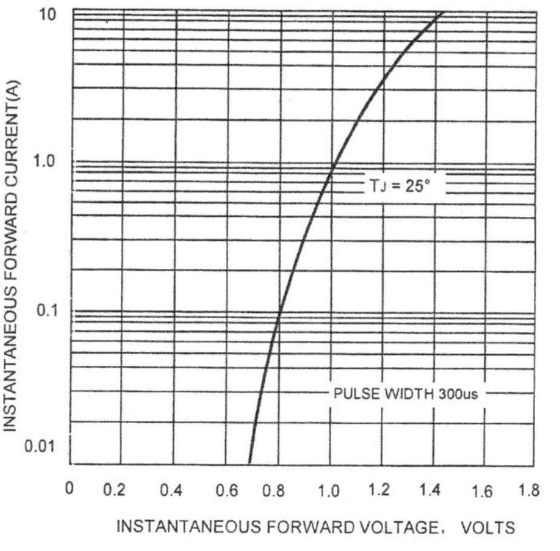

Memo

실험 1 실험 결과 보고서

실험일자	20 년 월 일	학 과	공학과	학 년	
학 번		이 름		실험조	
등 급				확인	

실험제목 : 접합 다이오드의 특성

1. 실험 순서 (1)~(3)에 따라 다음 각 항의 해당란에 실험 결과를 기록하시오.

[실험표 1-1]

다이오드 전류(mA) I	다이오드 양단의 전압(V) V	다이오드 등가저항(Ω) V/I 계산
0.2		
0.5		
1.0		
2.0		
4.0		
6.0		
8.0		
10.0		
14.0		
16.0		

2. 실험 순서 (4)~(5)에 따라 다음 각 항의 해당란에 실험 결과를 기록하시오.

[실험표 1-2]

역 바이어스 전압 10V에서 다이오드 전류	㎂
역 바이어스 전압 20V에서 다이오드 전류	㎂

3. [실험표 1-1]과 [실험표 1-2]의 결과를 이용하여 [실험표 1-3]에 다이오드의 전압-전류 특성곡선을 그리시오.(수평축 : 전압, 수직측 : 전류)

[실험표 1-3] 접합 다이오드의 특성곡선

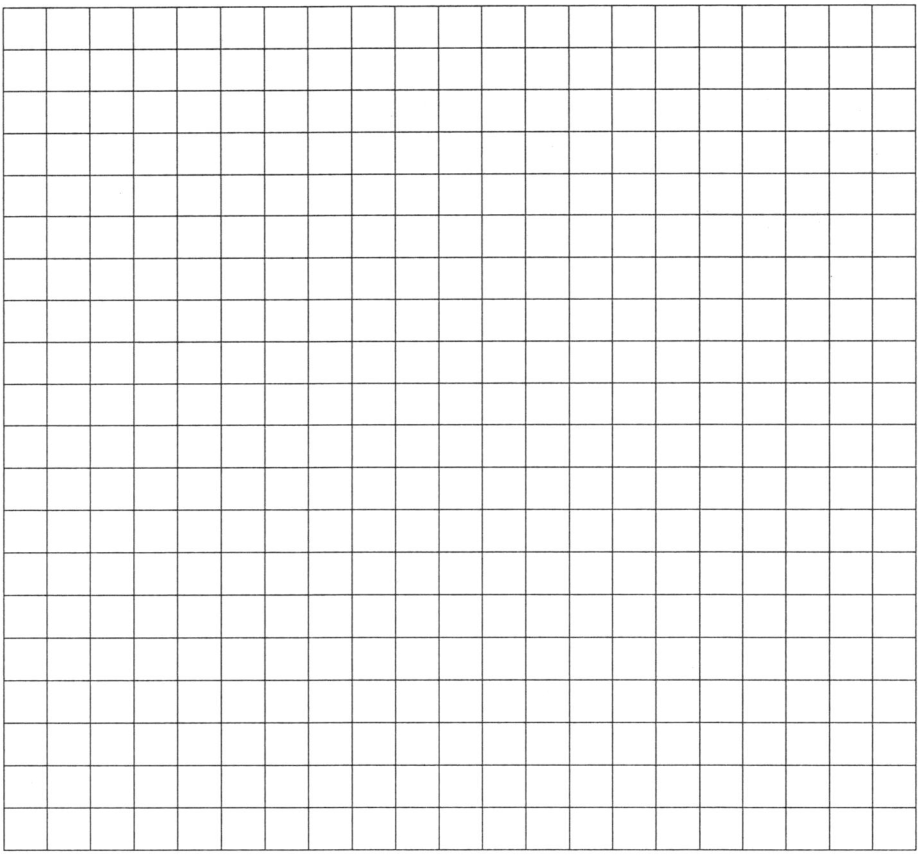

4. 실험결과 및 고찰

(1) [실험표 1-1], [실험표 1-2]의 실험결과를 토대로 접합 다이오드가 순방향 바이어스와 역방향 바이어스에서 어떻게 동작하는지 기술하시오.

(2) 위의 특성곡선으로 볼 때 다이오드는 선형 소자(linear device)인지, 비선형 소자(nonlinear device)인지를 확인하고 그 판단 근거를 밝히시오.

Memo

실험 02

LED 및 제너 다이오드의 특징

1. 실험 목적

(1) LED의 기본 특성을 이해한다.

(2) 제너 다이오드의 전압-전류 특성을 이해한다.

(3) 제너 다이오드의 기능을 이해하고 실험을 통해서 확인한다.

2. 기본 이론

LED(Light Emitting Diode)는 적절한 바이어스를 가하면 빛을 발생시키는 pn 접합 반도체 소자이다. LED는 정류 다이오드와 동일한 구조로 [그림 2-1(a)]와 같이 p형 반도체와 n형 반도체를 접합시켜 만든다.

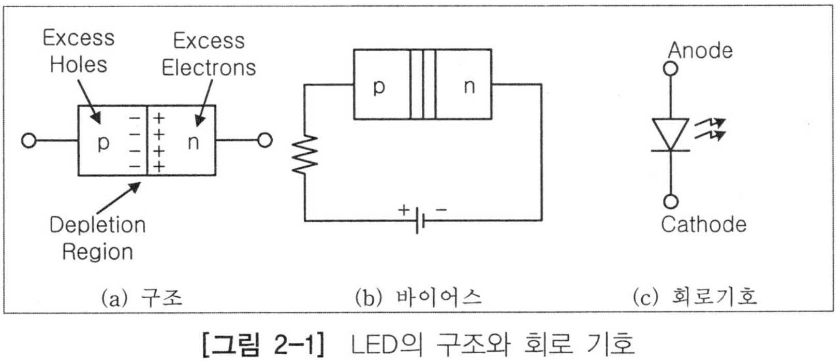

[그림 2-1] LED의 구조와 회로 기호

[그림 2-1(b)]와 같이 전압을 인가하면, 전자는 n영역에서 p영역으로, 홀은 반대방향으로 이동하여 이들 캐리어가 서로 만나 재결합을 하게 된다. 자유전자의 에너지준위는 홀을 만나 재결합한 전자의 그것보다 높기 때문에 재결합 시 잉여 에너지는 어떠한 형태로든 방출되어야 한다. LED는 재결합 시 홀-전자쌍에 의해 광자를 발생하도록 설계 제작된 소자이다. 그러므로 LED를 순방향으로 바이어스를 가하면 접합면을 통하여 전류가 흐르고 재결합이 일어나 빛을 발생하게 된다.

LED에서 발생되는 빛의 세기는 다이오드를 흐르는 순방향전류의 크기에 따라 결정되며, 전류가 증가하면 빛의 세기가 강해진다. 그러나 전류에 의해 발생되는 열은 빛의 밝기에 영향을 주어 전류를 너무 많이 증가시키면 오히려 어두워진다. 대부분의 LED는 그 빛의 밝기가 어느 정도의 범위에서 흐르는 전류와 선형적인 관계를 갖는다. LED는 숫자표시판, 디지털회로의 논리 상태를 나타내는 지시기 등으로 널리 사용되고 있다.

LED의 극성은 일반적으로 단자의 길이가 긴 쪽이 애노드이고 짧은 쪽이 케소드이지만, 회사에 따라 반대인 경우도 있어 사용하기 전에 반드시 극성을 확인하여야 한다. 극성 판별은 부록의 디지털 멀티미터 사용법을 참조하기 바란다.

제너 다이오드(Zener diode)는 여러 가지 면에서 pn접합 다이오드와 동일한 특성을 갖고 있다. 순방향으로 바이어스를 가하는 경우, 이들 다이오드는 동일한 특성을 나타낸다. 그러나 역바이어스를 가하는 경우 pn접합 다이오드는 어떠한 전압에 이를 때까지는 매우 낮은 전류값을 유지하지만, 이 전압을 넘게 되면 전류값이 급격히 증가하여 다이오드가 파손된다. 반면에, 제너 다이오드는 이러한 항복(breakdown)영역에서 동작하도록 설계되었다. 제너 다이오드는 접합의 불순물농도를 적절히 조절함으로써 미리 설정한 전압에서, 예를 들면 수 볼트 또는 수백 볼트에서 avalanche breakdown이 발생하도록 설계 제조되었다. 이러한 항복현상이 발생되는 순간의 전압을 제너전압(Zener voltage)이라 한다.

[그림 2-2]는 제너 다이오드의 전압-전류 특성과 회로기호를 나타낸다. 이 그림을 보면 순방향 바이어스의 경우 pn접합 다이오드와 같은 특성을 보이지만, 역방향 바이어스의 경우 제너전압에 이르면 흐르는 전류값이 급격히 증가함을 알 수 있다.

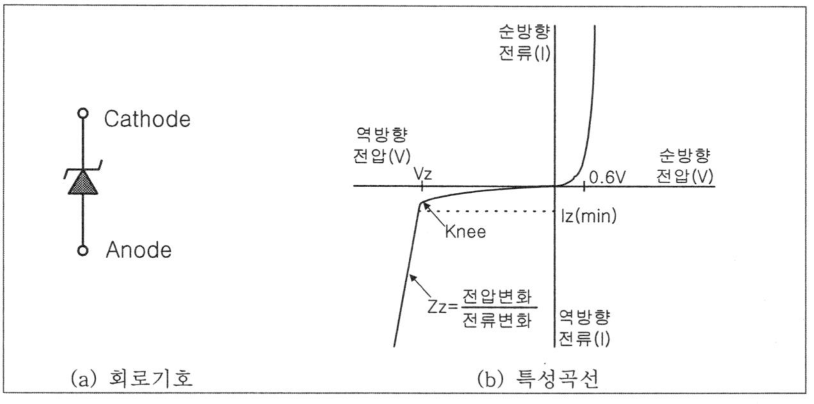

[그림 2-2] 제너다이오드의 특성곡선 및 회로기호

제너전압과 동일한 크기의 역전압이 인가되면 역바이어스 전류값은 제너저항과 다이오드에 직렬로 연결된 저항에 의해 결정된다.

제너 다이오드의 항복영역에서의 저항은 제너 동적임피던스(Zener dynamic impedance)라 하며, 이는 [그림 2-2(b)]의 제너 다이오드 특성곡선의 기울기에 해당한다. 이 동적임피던스는 가능하면 작아야 하며, 제너전압에서 특성곡선의 기울기가 매우 커야 한다.

이 특성곡선에서 역바이어스 영역의 다른 중요한 특성인 제너전압 V_Z는 avalanche 항복현상이 발생할 때의 전압을 말한다. 최소 제너전류(minimum zener current) Iz(min)는 avalanche 항복현상을 일으키기 위한 최소전류이며, 최대 제너전류(maximum zener current)는 그 소자의 소비전력 용량에 의해 결정된다. 제너 다이오드는 동적임피던스가 작을수록 이 특성곡선의 기울기는 커져 수직축과 평행한 모양을 보이며, 이 특성을 이용하여 정류회로에서 기준전압, 서어지(surge) 전압 보호회로 등의 여러 응용분야에 이용된다.

2. 예비 과제

(1) LED 소자에서 빛이 방출되는 원리를 설명하시오.

(2) LED와 정류용 pn접합 다이오드의 같은 점과 차이점을 기술하시오.

(3) 제너 다이오드와 pn접합 다이오드의 차이점을 기술하시오.

(4) 제너 다이오드는 특성곡선의 어느 영역을 이용하는 소자인지 기술하시오.

3. 실험 방법

3.1 사용기기 및 부품

기기 : 전원 공급기, 디지털 멀티미터
부품 : 저항 - 270Ω, 470Ω
제너다이오드 - 1N5234B(역전압 6.2V용)
LED - 5ϕ LED

3.2 실험 순서

[LED 실험]

(1) [그림 2-3]의 회로를 구성하시오.

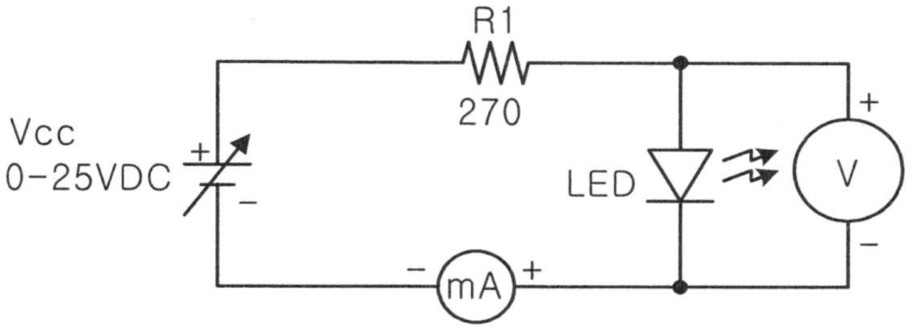

[그림 2-3] LED 특성 시험 회로

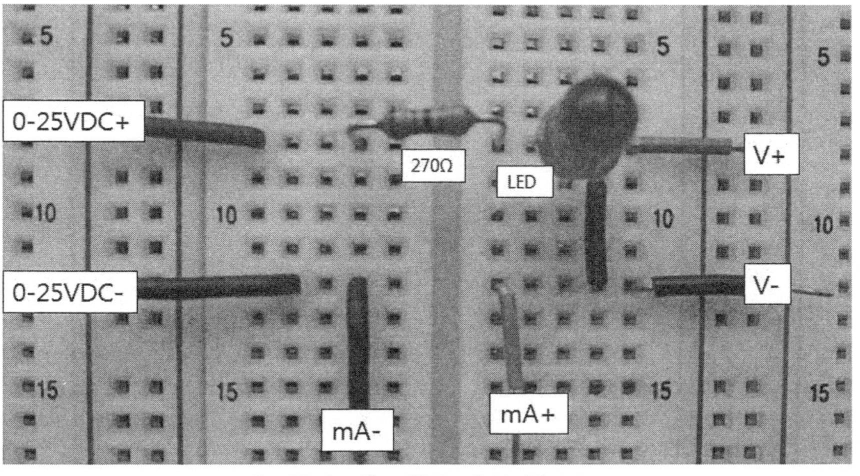

[그림 2-4] 회로 배선 참조도

(☞ **주의** : 전류를 측정할 때는 V+, V− 단자를 개방한 상태로 두고,
전압을 측정할 때는 mA+, mA−단자를 연결한다.)

(2) 다이오드에 흐르는 전류가 0.1mA가 되도록 전원공급기의 출력을 조정하고, 이때 LED 양단의 전압을 측정하여 [실험표 2-1]에 기록하시오.

(3) [실험표 2-1]이 완성될 때까지 위의 실험을 반복하시오.

(4) V_{CC}를 감소시킨 후 스위치를 끄고 LED의 극성을 바꾼 후, 스위치를 다시 켜고 LED에 걸리는 전압을 최대 2V까지 증가시키면서 다이오드에 흐르는 전류를 측정하여 [실험표 2-2]에 기록하시오.

(5) [실험표 2-1], [실험표 2-2]의 결과를 이용하여 LED의 전압-전류 특성곡선을 그리시오.(수평축 : 전압, 수직축 : 전류)

[제너 다이오드 실험]

(1) [그림 2-5]의 회로를 구성하시오.

(2) 전원 공급기의 스위치를 켜고 제너 다이오드를 통과하는 전류값이 0.1mA가 되도록 전원의 출력을 조심스럽게 조절하시오. 결과 보고서의 [실험표 2-3]의 첫 행에 이 때의 직류 전원의 출력값과 제너 다이오드 양단간 전압을 측정하여 기록하시오.

(3) 제너 다이오드에 흐르는 전류값이 0.2mA가 되도록 직류 전원의 출력을 증가시키고, 그 때의 측정값을 [실험표 2-3]에 기록하시오.

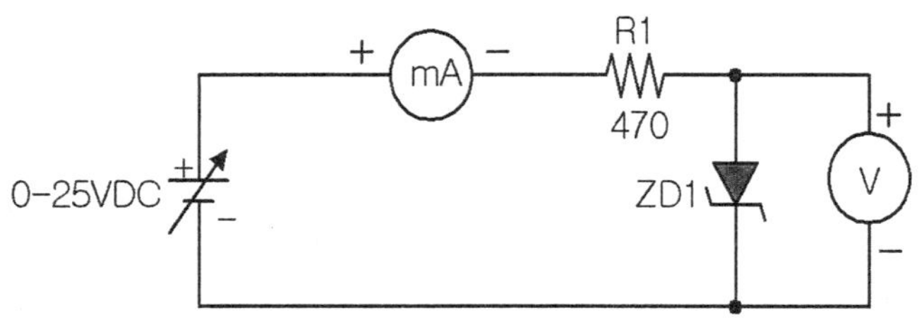

[그림 2-5] 제너 다이오드 특성 측정회로

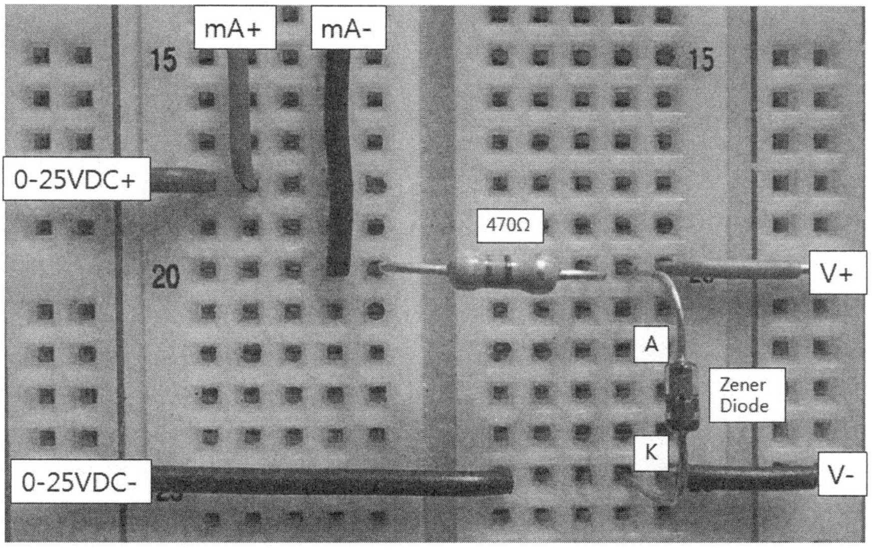

[그림 2-6] 회로 배선 참조도

(4) [실험표 2-3]에 지시된 제너 다이오드의 전류값 각각에 대해서 위의 실험을 반복하시오.

(5) 전원 공급기의 스위치를 끄고 전원공급기의 (+), (-) 단자를 바꾼 다음, 직류 전원 공급기의 스위치를 다시 켜고 역바이어스 전류값이 0.1mA가 되도록 출력을 조절한 후 그 때의 측정값을 [실험표 2-3]에 기록하시오.

(6) 이 실험을 반복하여 모든 역바이어스 전류값에 대해서 측정하여 [실험표 2-3]의 역바이어스 전압에 해당하는 곳에 기록하시오.

(7) [실험표 2-3]의 결과를 이용하여 제너 다이오드의 전압-전류 특성곡선을 그리시오. (수평축 : 전압, 수직축 : 전류)

4. 실험 결과 및 고찰

(1) [실험표 2-3]으로부터 제너 다이오드의 항복전압 V_Z를 구하여 기록하시오.

(2) 그래프의 항복영역(breakdown region)에서 곡선의 기울기를 구하여 제너 다이오드의 동적 임피던스(dynamic impedance) Z_Z를 아래의 식을 이용하여 구하시오.

$$Z_z = \frac{\Delta V}{\Delta I} \quad [\Omega]$$

DC COMPONENTS CO., LTD.

RECTIFIER SPECIALISTS

1N5221B
THRU
1N5259B

TECHNICAL SPECIFICATIONS OF GLASS SILICON ZENER DIODES

FEATURES

* Voltage Range:2.4V to 39V
* Double slug type construction

MECHANICAL DATA

* Case: Glass sealed case
* Lead: MIL-STD-202E, Method 208 guaranteed
* Polarity: Color band denotes cathode end
* Mounting position: Any
* Weight: 0.13 gram

DO-35

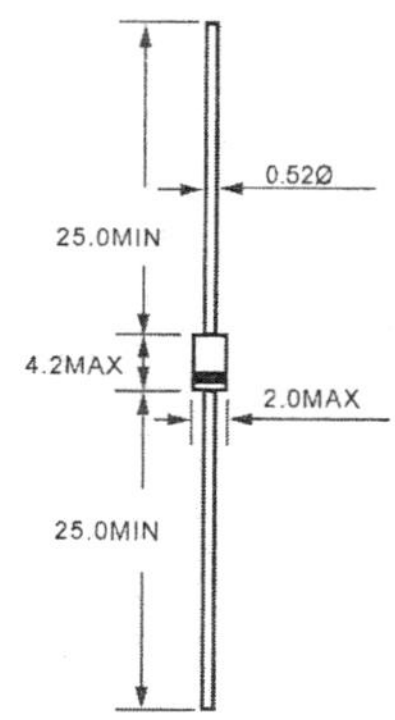

Dimensions in millimeters

MAXIMUM RATINGS AND ELECTRICAL CHARACTERISTICS

Ratings at 25 °C ambient temperature unless otherwise specified.
Single phase, half wave, 60 Hz, resistive or inductive load.
For capacitive load, derate current by 20%.

	SYMBOL	VALUE	UNITS
Zener Current see Table "Characterisitics"			
Power Dissipation at Tamb=25°C	Ptot	500[1]	mW
Junction Temperature	Tj	175	°C
Storage Temperature Range	Tstg	-55 to + 175	°C
Thermal Resistance Junction to Ambient Air	RthA	- - 0.3[1]	K/mW Typ. Min. Max.
Forward Voltage at IF=100mA	V_F	- - 1	Volts Typ. Min. Max.
1)Valid Provided that leads are kept at ambient temperature at a distance of 8 mm from case.			

NOTE: Suffix "B" indicates Zener Voltage Tolerance ± 5%

RATING AND CHARACTERISTIC CURVES (1N5221B THRU 1N5259B)

TYPE	Nominal Zener Voltage VZ@IZT	Zener Test Current IZT	Maximum Zener Impedance		Typical Temperature Coefficient	Maximum Reverse Leakage Current		Maximum Regulator Current IZM
			ZZT@IZT	ZZT@IZK(*)		IR	@VR	
	Volts	mA	Ohms	Ohms.	% / °C	uA	Volts	mA
1N5221B	2.4	20	30	1200	-0.085	100	1.0	191
1N5222B	2.5	20	30	1250	-0.085	100	1.0	182
1N5223B	2.7	20	30	1300	-0.080	75	1.0	168
1N5224B	2.8	20	30	1400	-0.080	75	1.0	162
1N5225B	3.0	20	29	1600	+0.075	50	1.0	151
1N5226B	3.3	20	28	1600	-0.070	25	1.0	138
1N5227B	3.6	20	24	1700	-0.065	15	1.0	126
1N5228B	3.9	20	23	1900	-0.060	10	1.0	115
1N5229B	4.3	20	22	2000	±0.055	5.0	1.0	106
1N5230B	4.7	20	19	1900	±0.030	5.0	2.0	97
1N5231B	5.1	20	17	1600	±0.030	5.0	2.0	89
1N5232B	5.6	20	11	1600	+0.038	5.0	3.0	81
1N5233B	6.0	20	7	1600	+0.038	5.0	3.5	76
1N5234B	6.2	20	7	1000	+0.045	5.0	4.0	73
1N5235B	6.8	20	5	750	+0.050	3.0	5.0	67
1N5236B	7.5	20	6	500	+0.058	3.0	6.0	61
1N5237B	8.2	20	8	500	+0.062	3.0	6.5	55
1N5238B	8.7	20	8	600	+0.065	3.0	6.5	52
1N5239B	9.1	20	10	600	+0.068	3.0	7.0	50
1N5240B	10	20	17	600	+0.075	3.0	8.0	45
1N5241B	11	20	22	600	+0.076	2.0	8.4	41
1N5242B	12	20	30	600	+0.077	1.0	9.1	38
1N5243B	13	9.5	13	600	+0.079	0.5	9.9	35
1N5244B	14	9.0	15	600	+0.082	0.1	10	32
1N5245B	15	8.5	16	600	+0.082	0.1	11	30
1N5246B	16	7.8	17	600	+0.083	0.1	12	28
1N5247B	17	7.4	19	600	+0.084	0.1	13	27
1N5248B	18	7.0	21	600	+0.085	0.1	14	25
1N5249B	19	6.6	23	600	+0.085	0.1	14	24
1N5250B	20	6.2	25	600	+0.086	0.1	15	23
1N5251B	22	5.6	29	600	+0.087	0.1	17	21.2
1N5252B	24	5.2	33	600	+0.088	0.1	18	19.1
1N5253B	25	5.0	35	600	+0.089	0.1	19	18.2
1N5254B	27	4.6	41	600	+0.090	0.1	21	16.8
1N5255B	28	4.5	44	600	+0.091	0.1	21	16.2
1N5256B	30	4.2	49	600	+0.091	0.1	23	15.1
1N5257B	33	3.8	58	700	+0.092	0.1	25	13.8
1N5258B	36	3.4	70	700	+0.093	0.1	27	12.6
1N5259B	39	3.2	80	800	+0.094	0.1	30	11.5

(*)Izk=0.25mA

changes in the power dissipation due to the ambient temperature.

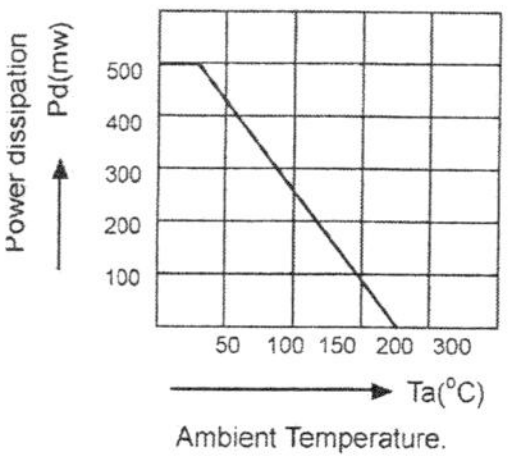

Ambient Temperature.

Breakdown characteristics

1N52-SERIES

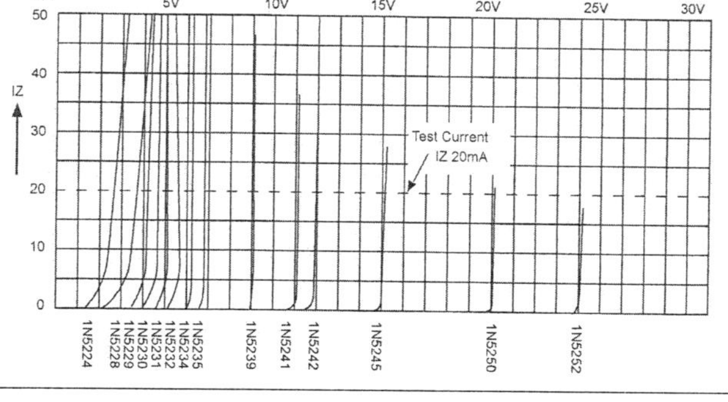

실험 2 실험 결과 보고서

실험일자	20 년 월 일	학 과	공학과	학 년	
학 번		이 름		실험조	
등 급				확인	

■ LED의 특성

1. 실험 순서 (1)~(3)에 따라 다음의 표에 실험 결과를 기록하시오.
   (전류값을 정확히 조정할 수 없는 경우에는 조정할 수 있는 근사값에서 측정하도록 하시오.)

[실험표 2-1]

LED 전류(mA)	0.1	0.5	1	2	3	4	5	6	7	8	9	10	15	20
LED 전압(V)														

2. 실험순서 (4)의 결과를 기술하시오.

[실험표 2-2]

LED 전압(V)	-0.5	-1.0	-1.5	-2.0
LED 전류(mA)				

3. [실험포 2-1], [실험표 2-2]의 결과를 이용하여 LED의 전압-전류 특성곡선을 그리시오.(수평축 : 전압, 수직축 : 전류)

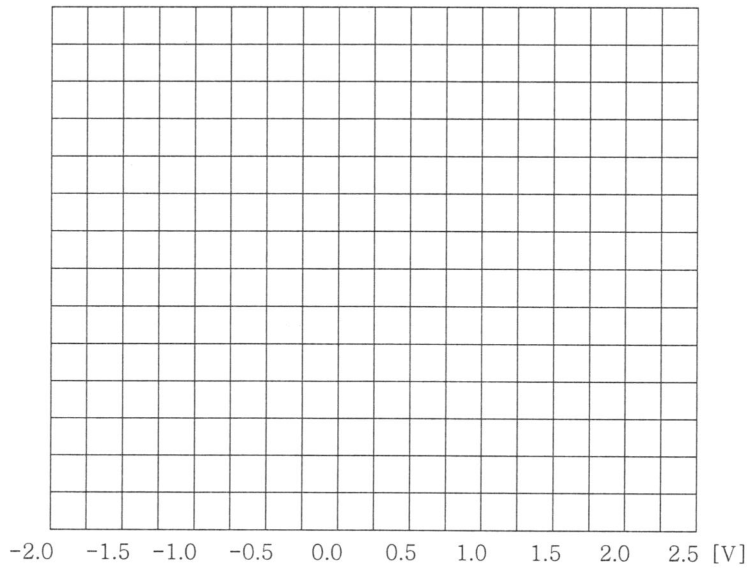

■ 제너 다이오드의 특성

1. 실험 순서 (1)~(6)에 따라 다음 각 항의 해당란에 실험 결과를 기록하시오.

[실험표 2-3]

제너다이오드 전류(mA)		직류 전원의 출력(V)	다이오드 양단의 전압(V)
순방향 (1)~(4)	+0.1		
	+0.2		
	+1.0		
	+2.0		
	+10.0		
	+20.0		
역방향 (5)~(6)	-0.1		
	-0.2		
	-1.0		
	-2.0		
	-10.0		
	-20.0		

2. [실험표 2-3]의 결과를 이용하여 제너 다이오드의 전압-전류 특성곡선을 그리시오. (수평축 : 전압, 수직축 : 전류)

[실험표 2-4] 제너 다이오드의 특성곡선

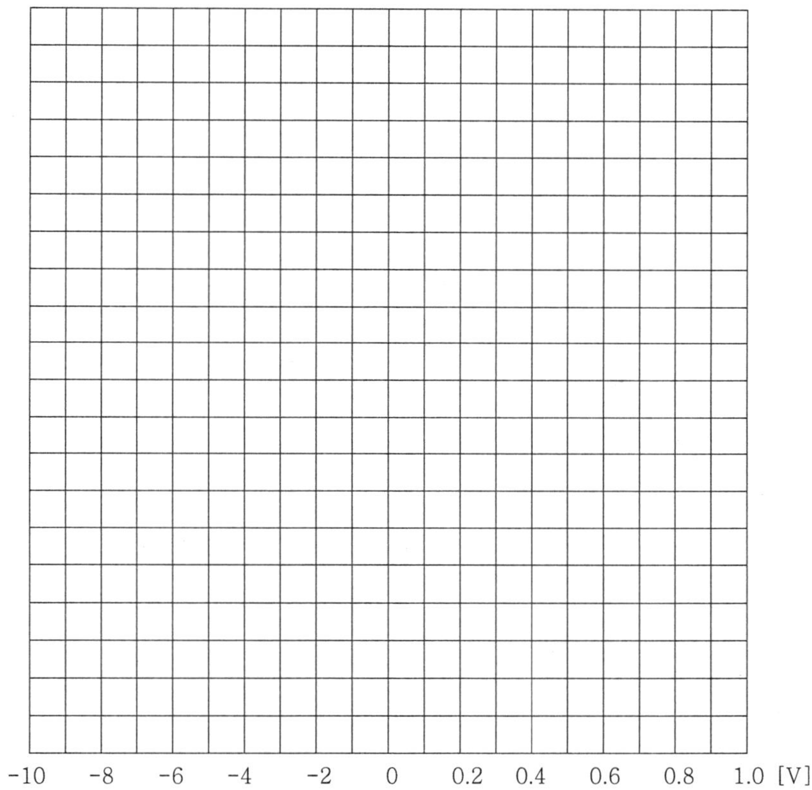

3. 실험결과 및 고찰

(1) [실험표 2-3]으로부터 제너 다이오드의 항복전압 V_Z를 구하여 기록하시오.

(2) 그래프의 항복영역(breakdown region)에서 곡선의 기울기를 구하여 제너 다이오드의 동적 임피던스(dynamic impedance) Z_Z를 아래의 식을 이용하여 구하시오.

$$Z_z = \frac{\Delta V}{\Delta I} \quad [\Omega]$$

실험 03 다이오드의 반파 및 전파 정류회로

1. 실험 목적

(1) 반파 및 전파 정류회로의 동작원리를 학습한다.

(2) 반파 및 전파 정류회로의 차이점을 이해한다.

2. 기본 이론

전력을 효율적으로 전송하기 위해서는 직류보다는 교류를 사용하는 것이 훨씬 경제적이며 유리하다. 그러나 대부분의 전기, 전자 장비의 내부회로는 직류를 사용하므로, 교류를 직류로 바꾸어 주는 정류회로가 필요하다. 정류에는 반파정류와 전파정류가 있고, 정류회로에는 한쪽 방향으로만 전류를 흘리는 pn접합 다이오드가 주로 사용된다.

반파 정류회로는 [그림 3-1]과 같이 교류입력이 인가될 때 양의 반주기 동안에는 다이오드에 순방향 전압이 걸리게 되어 부하에 전류가 흘러 입력파형과 같은 출력파형이 나온다. 반면에 음의 반주기 동안에는 다이오드에 역방향 전압이 걸리게 되어 부하에 전류가 흐르지 않아 전압이 유기되지 않는다. $V_m \sin wt$ 의 전압이 입력될 때 반파 정류회로의 출력전압 평균값 V_{dc}는 다음과 같이 계산된다.

$$
\begin{aligned}
V_{dc} &= \frac{1}{T}\int_0^T V_m \sin wt dt \qquad (3\text{-}1)\\
&= \frac{1}{T}\int_0^{T/2} V_m \sin wt dt + \int_{\frac{T}{2}}^{T} 0 dt\\
&= [-\frac{V_m}{wT} cos wt]_0^{T/2} \qquad (wT = 2\pi)\\
&= -\frac{V_m}{2\pi}[\cos\frac{wT}{2} - \cos 0]\\
&= -\frac{V_m}{2\pi}[\cos\pi - \cos 0]\\
&= -\frac{V_m}{2\pi}[-1-1]\\
&= \frac{V_m}{\pi} = 0.318 V_m
\end{aligned}
$$

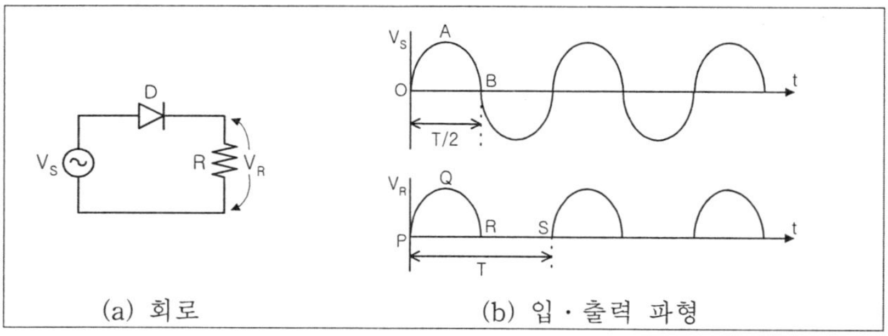

[그림 3-1] 반파 정류회로

정류의 효과를 높이기 위해 [그림 3-2]와 같이 저항 R에 캐패시터 C를 병렬로 연결한 필터회로를 많이 사용한다. 입력전압 V_S의 1/4주기 동안에 캐패시터 C는 입력전압의 크기만큼 충전되고, 다음 3/4주기 동안에는 입력전압의 크기가 감소하여 점점 0으로 변하게 된다. 이때 캐패시터 C에 저장된 전하는 부하저항 R에서 방전을 일으키게 되며, 방전에 의한 캐패시터 양단의 전압이 그 순간의 입력전압 V_S보다 큰 경우 다이오드 D는 역바이어스 되어 개방회로로 생각할 수 있다. 따라서 캐패시터 양단 전압은 부하저항 R에서의 방전으로 서서히 감소하게 된다. 저항과 캐패시터의 값을 적절히 선택하여 이 회로의 시정수(RC) 값의 크기가 입력전압의 반주기보다 큰 경우 출력파형은 순간전압의 크기가 0으로 떨어지지 않는다. 여기서, 시정수란 초기의 값이 시간이 경과함에 따라 감소할 때 초기값의 $1/e$에 도달하는데 소요되는 시간을 말한다. 결론적으로, 출력파형의 직류 성분이 C가 없는 경우보다 커지게 된다.

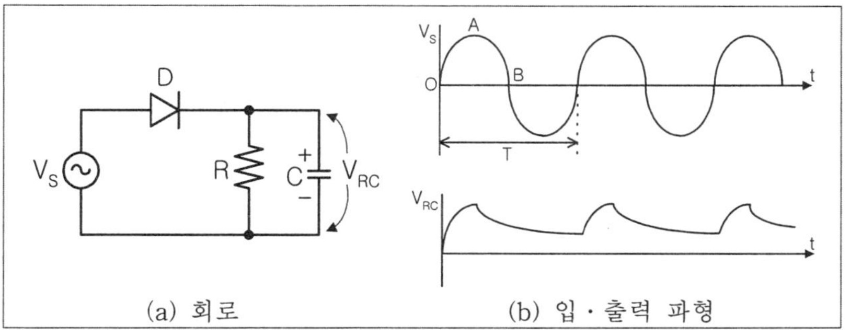

[그림 3-2] 간단한 필터회로

반파정류에서 이용하지 못하는 음의 반주기 파형까지 이용하는 전파 정류회로는 [그림 3-3(a)]처럼 중간단자(center tap)가 있는 전원트랜스(transformer)와 두 개의 다이오드로 구성할 수 있다. 양의 반주기 동안에 D_1은 도통, D_2는 차단이 되어 입력파형이 그대로 나오고, 음의 반주기 동안에 D_1은 차단, D_2는 도통이 되어 입력파형이 반전되어 나오게 되어 [그림 3-3(b)]의 출력파형이 얻어진다.

전파정류의 경우, 평균값은 반파정류 평균값의 2배, $2V_m/\pi = 0.636V_m$, 즉 입력정현파 피크값의 0.636배가 된다. [그림 3-3]의 전파정류회로의 단점은 반파정류회로보다 다이오드에 2배의 역방향전압이 걸린다는 것이며, 다이오드의 최대 역방향 전압(PRV)가 2배로 요구된다. 이 문제는 [그림 3-4]에 보인 전파 브리지 정류회로로 해결할 수 있다. 입력파형이 양의 반주기일 때 전류는 OABCDEFG로 흘러 R에 CD 방향으로 전압이 걸리며, 음의 반주기일 때는 GFBCDEAO로 전류가 흘러 역시 R에 CD 방향으로 전압이 걸려 전파정류가 된다. 이 회로에서 각 다이오드에 걸리는 PRV는 V_m으로, [그림 3-3]회로에 비해 반이 된다. 즉, [그림 3-3]에서 D_1과 D_2에 각각 걸리는 전압은 하나의 다이오드가 순방향 바이어스 되어 도통되었을 때 다른 다이오드에 모든 전압이 걸리게 된다. 반면에 전파 브리지 정류회로에서는 입력전압이 두 다이오드에 나누어 걸리게 되므로 이 다이오드의 PRV는 [그림 3-3]의 전파 정류회로의 다이오드에 걸리는 PRV의 절반이 된다.

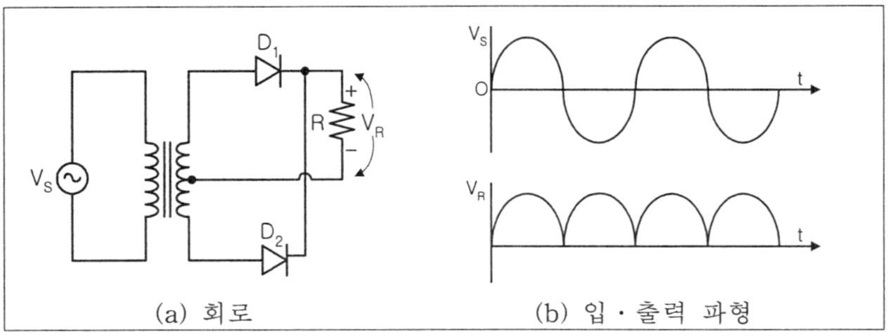

[그림 3-3] 전파 정류회로

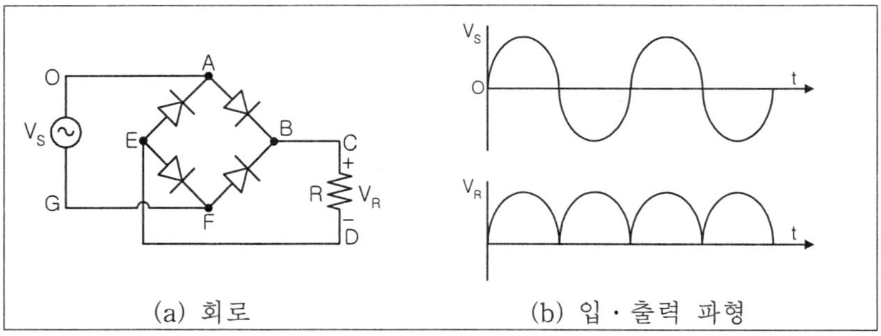

[그림 3-4] 전파 브리지정류회로

2. 예비 과제

(1) 반파 정류회로와 전파 정류회로의 차이점을 설명하시오.

(2) 브리지 전파 정류회로와 일반 전파 정류회로의 차이점을 기술하시오.

3. 실험 방법

3.1 사용기기 및 부품

기기 : 오실로스코프, 디지털 멀티미터

부품 : 전원 트랜스(2차 출력전압 0V, 3V, 6V)
저항(1/4W) - 10kΩ, 100kΩ,
캐패시터 - 1μF, 10μF
다이오드 - 1N4004 4개

☞ **전원트랜스**

〈1차측 입력전압 단자〉

〈2차측 출력전압 단자〉

3.2 실험 순서

(1) [그림 3-5]의 회로를 구성하시오.
(Osc. : 오실로스코프, V : 디지털 멀티미터)

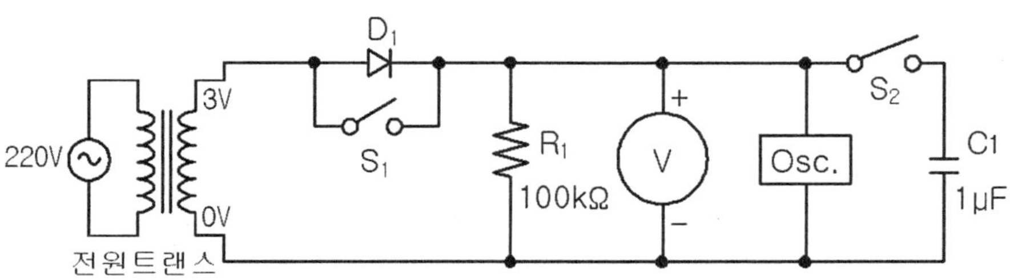

[그림 3-5] 반파 정류 실험회로
(V : 디지털 멀티미터, Osc : 오실로스코프)

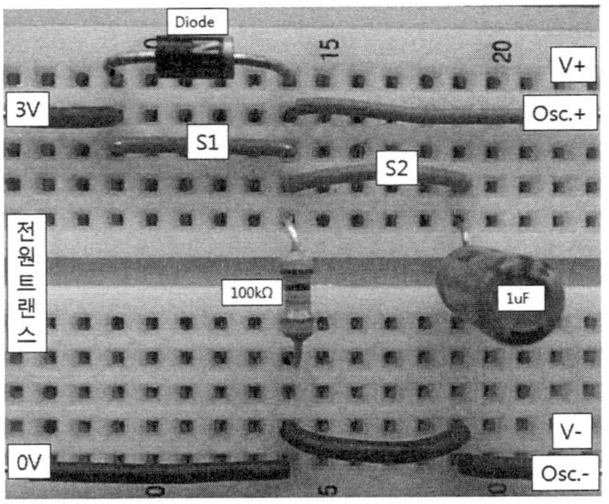

[그림 3-6] 회로 배선 참조도

(2) 스위치 S_1을 닫고 S_2를 연 후 R_1 양단의 AC 전압을 디지털 멀티미터로 측정하여 [실험표 3-1]에 기록하시오.

(3) 오실로스코프의 시간 축을 조정하여 파형의 2주기 또는 3주기가 표시되도록 하시오. 결과보고서에 관측된 파형과 측정된 첨두-첨두 전압을 결과보고서 [실험표 3-2]에 기록하시오.

(4) R_1 양단의 직류 전압값을 디지털 멀티미터로 측정하여 [실험표 3-1]에 기록하시오.

(5) 스위치 S_1을 열고 오실로스코프의 파형을 관측하고 [실험표 3-2]에 파형과 파형의 크기값을 기록하시오. 저항 R_1양단의 직류 전압값을 디지털 멀티미터로 측정하여 [실험표 3-1]에 기록하시오.

(6) 스위치 S_2를 닫고, 측정한 파형을 [실험표 3-2]에 기록하시오. 직류 전압값은 디지털 멀티미터로 측정하여 [실험표 3-1]에 기록하시오.

(7) 스위치 S_1을 닫고, R_1(또는 C_1)양단의 직류 전압값을 측정하여 [실험표

3-1]에 기록하시오.

(8) 스위치 S_1을 열고, S_2를 닫는다. 캐패시터 C_1을 10uF으로 교체한다. 관측된 파형을 [실험표 3-2]에 기록하고, 디지털 멀티미터로 측정한 직류 전압값은 [실험표 3-1]에 기록하시오.

(9) [그림 3-7]의 전파 정류회로를 구성하고, 출력파형을 디지털 멀티미터와 오실로스코프로 측정하여 [실험표 3-3]에 작성하시오. 실험은 C_1이 없는 경우와 $C_1 = 1uF$, $C_1 = 10uF$인 경우에 대해 수행하시오.

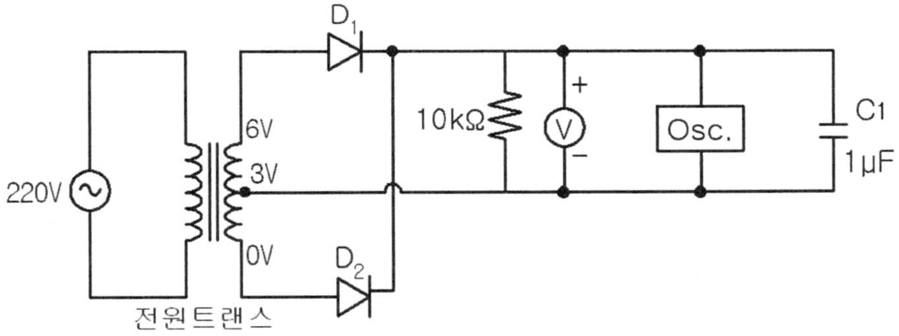

[그림 3-7] 전파 정류 실험회로

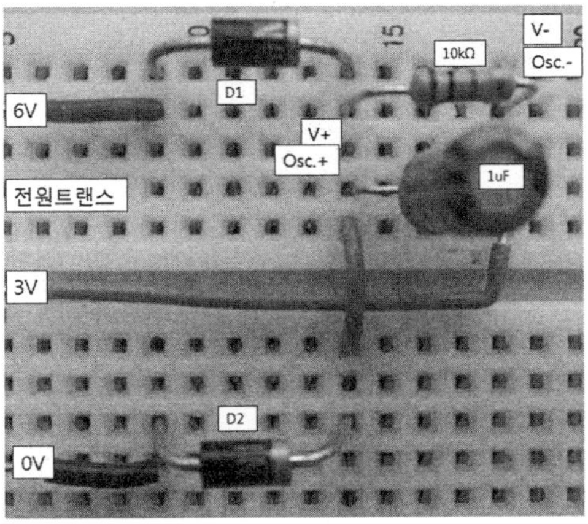

[그림 3-8] 회로 배선 참조도

(10) [그림 3-9]의 전파 브리지 정류회로를 구성하고, 출력파형을 디지털 멀티미터와 오실로스코프로 측정하여 [실험표 3-3]에 작성하시오. 실험은 C_1이 없는 경우와 $C_1 = 1uF$, $C_1 = 10uF$인 경우에 대해 수행하시오.

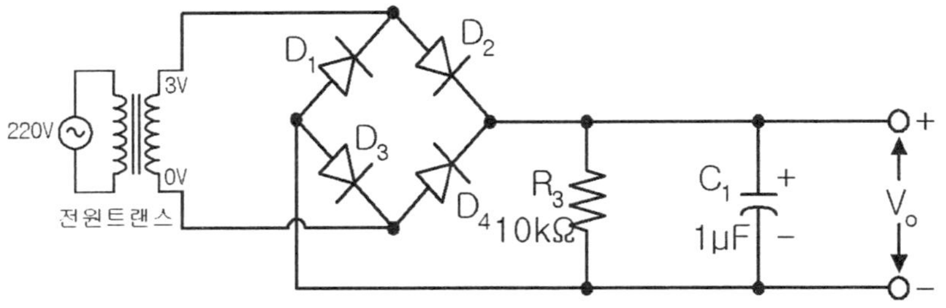

[그림 3-9] 전파 브리지 정류 실험회로

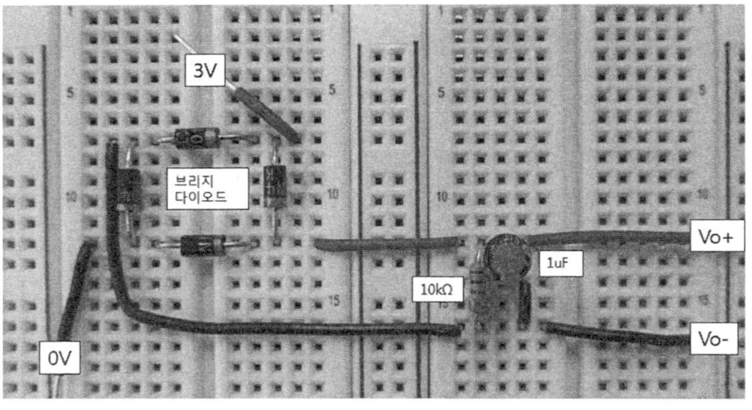

[그림 3-10] 회로 배선 참조도

4. 실험결과 및 고찰

(1) [실험표 3-1]의 측정결과를 분석하여 기술하시오.

(2) [실험표 3-2]의 파형이 이와 같이 만들어지는 이유를 기술하시오.

(3) [실험표 3-3]과 [실험표 3-4]에서 콘덴서의 유무와 콘덴서의 크기에 따라 파형이 어떻게 차이가 나는지 기술하시오.

Memo

실험 3 실험 결과 보고서

실험일자	20 년 월 일	학 과	공학과	학 년	
학 번		이 름		실험조	
등 급				확인	

실험제목 : 다이오드 반파, 전파 정류회로

1. 실험순서에 따라 다음 각 항의 해당란에 실험결과를 기록하시오.

[실험표 3-1]

실험순서	2)	4)	5)	6)	7)	8)
측 정 값	V(AC)	V(DC)	V(DC)	V(DC)	V(DC)	V(DC)
측 정 값						

2. 실험순서에 따라 다음 각 항의 해당란에 실험결과를 기록하시오.

[실험표 3-2] 반파정류회로의 측정파형

순서 3)

순서 5)

순서 6)

순서 8)

3. 실험순서에 따라 다음 각 항의 해당란에 실험결과를 기록하시오.

[실험표 3-3] 전파 정류회로 출력파형

	파형	직류 전압
C_1 없는 경우		
$C_1 = 1uF$ 인 경우		
$C_1 = 10uF$ 인 경우		

4. 실험순서에 따라 다음 각 항의 해당란에 실험결과를 기록하시오.

[실험표 3-4] 전파 브리지 정류회로 출력파형

	파형	직류 전압
C_1 없는 경우		
$C_1 = 1uF$ 인 경우		
$C_1 = 10uF$ 인 경우		

4. 실험결과 및 고찰

(1) [실험표 3-1]의 측정결과를 분석하여 기술하시오.

(2) [실험표 3-2]의 파형이 이와 같이 만들어지는 이유를 기술하시오.

(3) [실험표 3-3]과 [실험표 3-4]에서 콘덴서의 유무와 콘덴서의 크기에 따라 파형이 어떻게 차이가 나는지 기술하시오.

Memo

실험 04
바이폴라 트랜지스터의 동작

1. 실험 목적

(1) 바이폴라 트랜지스터의 동작원리를 이해한다.

(2) 바이폴라 트랜지스터의 3가지 바이어스와 동작영역을 이해한다.

(3) 에미터-베이스 회로에서 순방향 및 역방향 바이어스가 에미터-베이스 전류에 미치는 영향을 측정하고 이를 실험을 통해서 확인한다.

(4) 에미터-베이스 회로에서 순방향 및 역방향 바이어스가 콜렉터 전류에 미치는 영향을 측정하고 이를 실험을 통해서 확인한다.

(5) I_{CBO}를 측정한다.

2. 기본 이론

2.1 바이폴라 트랜지스터의 동작

반도체 소자들 중 트랜지스터는 전자회로에 있어서 증폭, 발진, 검파 등을 담당하는 매우 중요한 전자소자이다. 바이폴라 트랜지스터(BJT : Bipolar Junction Transistor)에는 [그림 4-1]에서와 같이 pnp 또는 npn형이 있다. 그림에서 각 단자 E, C, B는 에미터(Emitter), 콜렉터(Collector), 베이스(Base)라 하며, pnp형의 경우 에미터는 가장 강하게 불순물이 첨가되어 있으며(p+), 베이스는 가장 적은 불순물 농도를 가지고 두께가 가장 얇은 구조를 하고 있다. [그림 4-2]는 바이폴라 트랜지스터 기호를 나타낸다.

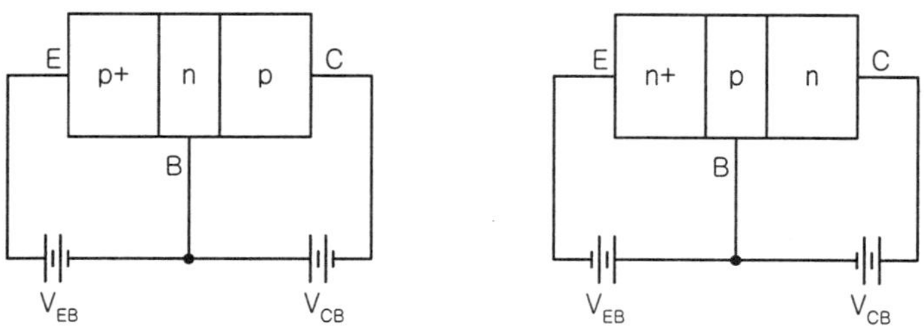

(a) pnp형 (b) npn형

[그림 4-1] 바이폴라 접합 트랜지스터의 구조

(a) pnp형 (b) npn형

[그림 4-2] 바이폴라 트랜지스터 기호

[그림 4-1]의 pnp형을 살펴보면 에미터와 베이스가 pn형의 접합 다이오드를 이루고 있고, 콜렉터와 베이스가 pn형의 접합 다이오드를 이루고 있어 pnp형은 2개의 pn형 접합다이오드가 베이스를 중심으로 맞물려 있는 형태로 구성되어 있음을 알 수 있다.

트랜지스터는 바이어스에 따라 3가지 동작영역이 있게 된다. 에미터 접합(E-B 접합)이 순방향 바이어스이고 콜렉터 접합(C-B 접합)이 역방향 바이어스 일 때 트랜지스터는 활성영역에 있게 된다. 그리고, 두 접합이 모두 순방향 바이어스로 되어 있을 때가 포화영역이며, 두 접합 모두가 역방향 바이어스 일 때 차단영역에 있게 된다. 트랜지스터가 정상적인 동작을 할 때는 일반적으로 활성영역에 있을 때이다.

트랜지스터의 동작원리를 살펴보기 위하여 pnp형 바이폴라 트랜지스터를 자세히 살펴보자. npn형 트랜지스터의 동작은 전자와 홀(hole, 정공)의 역할만 바꾸어주면 동일하게 이해될 수 있다. 트랜지스터가 활성영역에 있을 때 트랜지스터 내부에 흐르는 각 전류성분을 살펴보면 [그림 4-3]과 같다. 에미터-베이스 사이는 에미터 전원 V_{EB}에 의하여 순방향으로 바이어스 되어 있고, 콜렉터-베이스 사이는 콜렉터전원 V_{CB}에 의하여 역방향으로 바이어스 되어 있다. 이와 같이 바이어스 함으로써 에미터-베이스 사이에는 에미터 전류 I_E가 흐르며, 에미터 전류의 구성은 에미터에서 베이스로 넘어가는 홀(정공)에 의한 전류 I_{EP}와 베이스에서 에미터로 주입되는 전자에 의한 전류 I_{EN}으로 구성되어 식 (4-1)로 표현된다.

$$I_E = I_{EP} + I_{EN} \tag{4-1}$$

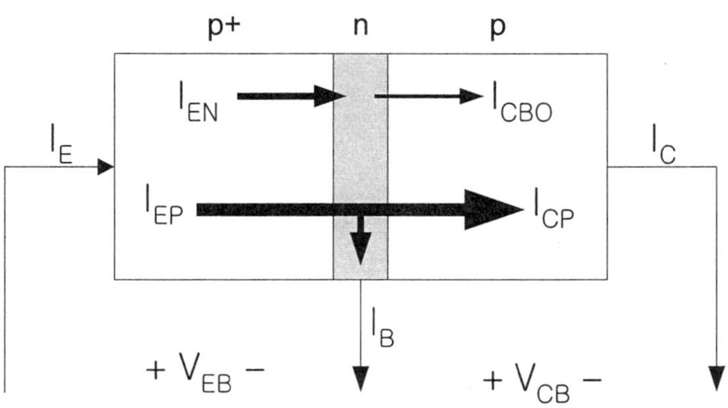

[그림 4-3] pnp 트랜지스터의 바이어스 및 전류성분

에미터에는 많은 불순물이 첨가되어 홀(p+)이 다수반송자(majority carrier)를 이루기 때문에, 홀에 의한 I_{EP}가 에미터 전류의 주류를 이룬다. ($I_{EP} \gg I_{EN}$) 만약 콜렉터가 없다면 에미터-베이스 사이의 전류는 pn 접합다이오드와 같아진다. 그러나, 베이스가 매우 얇고 콜렉터가 전원 V_{CB}에 의해 (-)극에 연결되어 있기 때문에, 에미터에서 주입된 홀 중 일부만이 베이스내의 전자와 재결합하고 나머지 대부분의 홀(약 95%)은 매우 얇은 베이스를 통과하여 p형인 콜렉터로 확산해 흘러들어가 전원의 (-)극으로 들어간다. 한편, 에미터-콜렉터 사이에는 V_{EB}와 V_{CB}가 직렬로 연결되어 있음을 알 수 있다. 베이스에서는 재결합되어 없어지는 전자를 보충하기 위해서 베이스 단자로부터 전자를 공급하게 되는데 이것이 베이스 전류 I_B를 구성한다.

콜렉터-베이스 접합이 역방향 바이어스 되어 있어 홀이 베이스에서 콜렉터로 넘어가는 것이 이해하기 어렵지만, 베이스가 낮은 저농도의 불순물을 함유하고 그 영역이 매우 좁기 때문에 홀과 전자가 재결합하는 수는 많지 않으며 또한 넘어오는 대부분의 홀들은 콜렉터로 확산하게 되는 것이다.

콜렉터 전류 I_C는 에미터에서 베이스로 주입된 홀이 확산해 콜렉터로 들어오는 I_{CP} 성분과 pn접합 다이오드 고유의 역방향 포화전류(누설전류) I_{CBO} 또는 I_{CO}로 구성된다. I_{CBO}는 에미터-베이스 사이를 개방시킨 상태에서 역방향으로 바이어스된 콜렉터 접합에 흐르는 전류로 온도가 상승함에 따라 증가하며, 게르마늄(Ge)의 경우에는 수 uA, 실리콘(Si)의 경우에는 수 nA 정도이다.

$$I_C = I_{CP} + I_{CBO} \qquad (4\text{-}2)$$

또한 트랜지스터를 하나의 마디(node)로 생각하고, 키르히호프의 전류법칙을 적용하면 다음의 식을 얻을 수 있다.

$$I_E = I_B + I_C \tag{4-3}$$

전체적으로 살펴보면, 에미터-베이스 사이에는 매우 적은 전류 I_B가 흐르고, 에미터-콜렉터 사이에는 많은 전류 I_C가 흐르게 된다. 그리고 에미터-베이스사이의 바이어스를 변화시키면, 즉 순방향 바이어스를 증가시키거나 감소시키면 에미터 전류가 증가하거나 감소하게 된다. 에미터 전류가 증가하거나 감소할 때 베이스 전류가 증가하거나 감소하는 양은 상대적으로 매우 적기 때문에 에미터-베이스 사이의 바이어스를 변화시키면 콜렉터 전류를 쉽게 조절할 수 있음을 알 수 있다. 따라서 상대적으로 작은 베이스 전류 I_B의 조절로 I_C 전류의 큰 변화를 얻을 수 있어 증폭의 효과를 얻을 수 있다.

1.2 트랜지스터의 종류, 외형 및 단자 구분

트랜지스터는 만든 재료에 따라서 게르마늄(Ge) 트랜지스터와 실리콘(Si) 트랜지스터 등으로 나눠지고, 제작공정에 따라 grown-junction, alloy junction, point contact 트랜지스터 등으로 구분된다. 그리고 트랜지스터는 소모 전력에 따라 소출력 트랜지스터와 대출력 트랜지스터로 나누어지며, 대출력 트랜지스터는 열의 방출이 쉬운 외부모양을 가지고 있어 방열판을 붙여서 사용하면 보다 높은 출력에서 동작시킬 수 있다. 이와 같이 트랜지스터는 여러 종류와 다양한 형태를 지니게 되며, 그 형태에 따라서 E, B, C단자를 구별하는 방법도 다르다. [그림 4-4]는 바이폴라 트랜지스터의 단자배열을 보여준다.

참고로 반도체 소자의 형명법의 예를 살펴보면 “2SC1815”일 경우 2는 트랜지스터(1은 다이오드, 3은 게이트 2개인 FET), S는 Semiconductor, C는 타입을 말하며, 1815는 등록번호를 나타낸다. 타입에는 A : pnp형 고주파용, B : pnp형 저주파용, C : npn형 고주파용, D : npn형 저주파용을 의미한다.

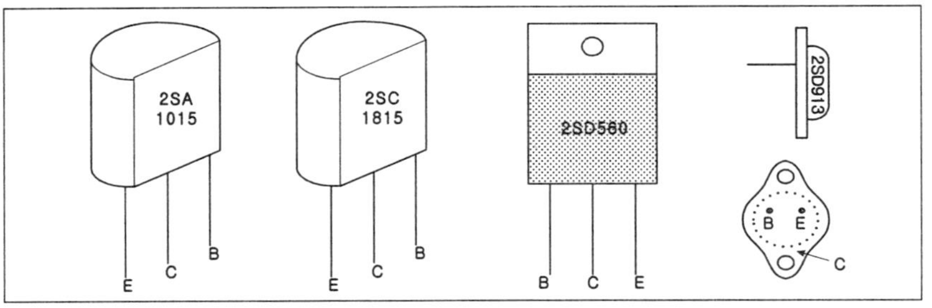

[그림 4-4] 바이폴라 트랜지스터의 단자배열

2. 예비 과제

(1) 트랜지스터의 고유 번호를 보지 않고 pnp형 또는 npn형을 구별하는 방법을 설명하시오.

(2) 트랜지스터에서 I_{CBO}는 무엇이며, I_{CBO}가 흐르게 되는 근원은 무엇인지 설명하시오.

(3) 트랜지스터의 3가지 동작영역에 대하여 설명하시오.

3. 실험 방법

3.1 사용기기 및 부품

기기 : 전원 공급기, 디지털 멀티미터

부품 : 트랜지스터 - 2SC1815(npn형), 2SA1015(pnp형 , 대치품 : 2SA733)

저항 - 100Ω, 820Ω

가변저항 - 5kΩ

3.2 실험 순서

[pnp 바이어스]

(1) pnp형 트랜지스터와 npn형 트랜지스터가 각각 한 개씩 주어지면, 먼저 각각의 트랜지스터가 무슨 형(npn형 또는 pnp형) 인지 알아보고, 에미터 베이스 콜렉터 단자를 데이터북이나 디지털 멀티미터를 이용하여 구별하시오.

(2) [그림 4-5]의 회로를 구성하시오. 전원스위치 S_1은 OFF로 하고, 가변저항 R_2의 저항치를 최대로 놓으시오. R_1은 에미터 회로의 전류 제한용 저항이며, R_3는 콜렉터 회로의 전류제한용 저항이다.

(3) 스위치 S_1을 닫고 에미터와 콜렉터 회로에서의 전류를 측정하여 [실험표 4-1]에 기록하시오. 디지털 멀티미터로 에미터-베이스 전압과 콜렉터-베이스 전압을 측정하여 [실험표 4-1]에 기록하시오. 전압이나 전류값을 기록할 때는 항상 극성도 함께 나타내시오.

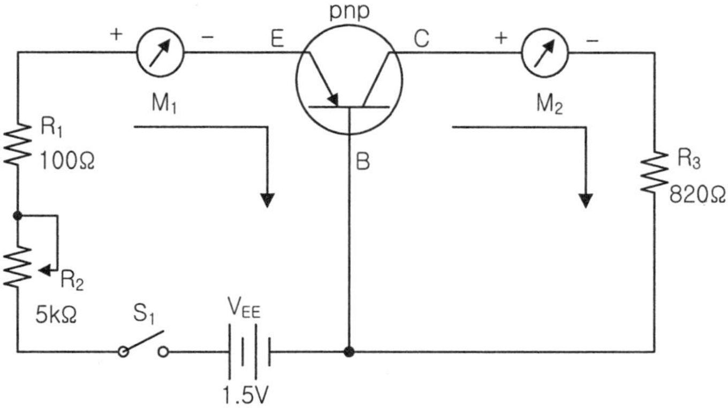

[그림 4-5] pnp 바이어스 1

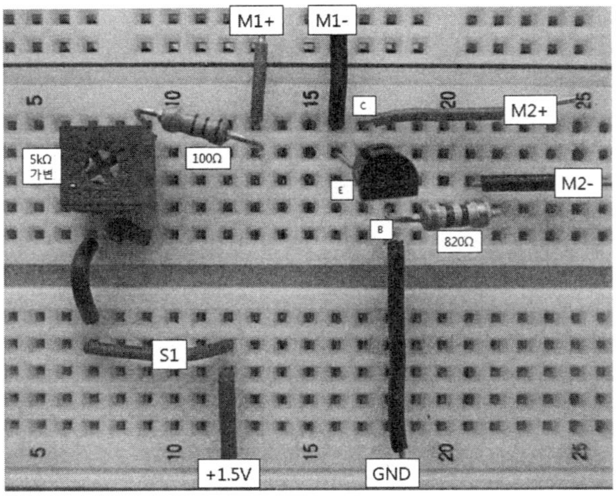

[그림 4-6] 회로 배선 참조도

(4) 스위치 S_1을 열고 [그림 4-5]의 회로에 V_{CC}와 S_2를 추가하여 회로를 [그림 4-7]과 같이 수정하시오. 여기서 V_{CC}는 콜렉터-베이스 회로를 바이어스하기 위한 것이다.

(5) 가변저항 R_2를 최대치로 유지시키고, 스위치 S_1, S_2를 닫는다. 이 때의 에미터 전류 및 콜렉터 전류를 측정하여 [실험표 4-1]에 기록하시오. 또한 에미터-베이스 전압 및 콜렉터-베이스 전압을 측정하여 [실험표 4-1]에 기록하시오.

(6) 가변저항 R_2를 최소치로 맞추시오. 이 때 에미터 바이어스 전압은 최대가 된다. 에미터 전류 및 콜렉터 전류를 관찰하고 측정하여 [실험표 4-1]에 기록하시오. 에미터-베이스 전압 및 콜렉터-베이스 전압을 측정하여 [실험표 4-1]에 기록하시오.

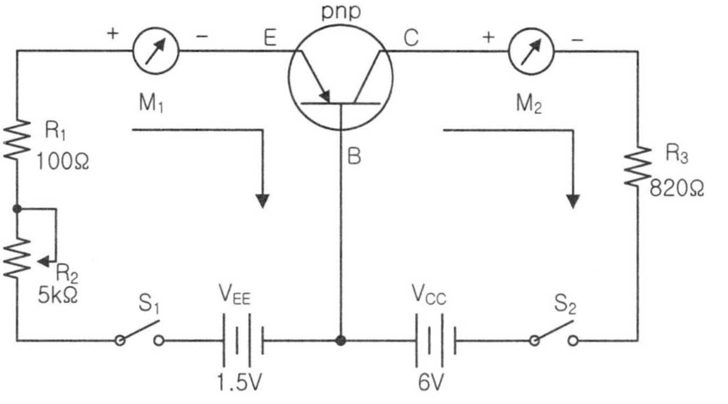

[그림 4-7] pnp 바이어스 2

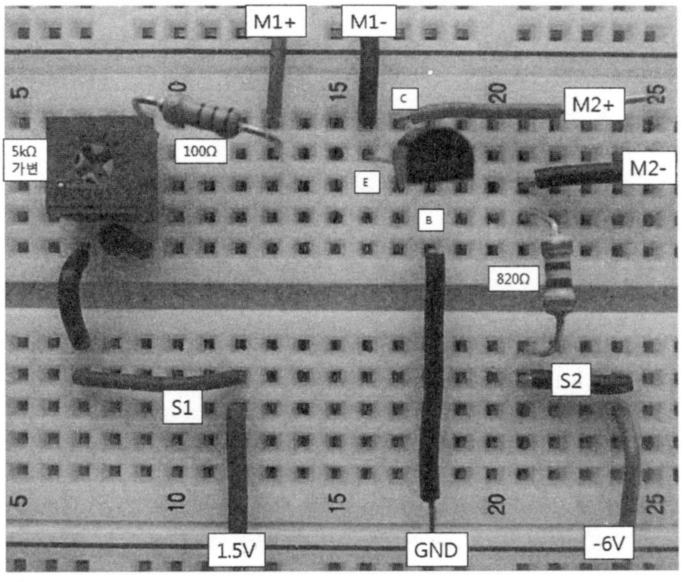

[그림 4-8] 회로 배선 참조도

(7) 스위치 S_1, S_2를 열고, 에미터전원 V_{EE}의 극성과 전류계 M_1 접속을 [그림 4-9]와 같이 바꾸시오. 이때 가변저항 R_2는 최소치로 놓으시오.

(8) 스위치 S_1, S_2를 닫고, 에미터 및 콜렉터 회로에서의 전류를 관찰하고, 측정하여 [실험표 4-1]에 기록하시오. 에미터-베이스 전압 및 콜렉터-베

이스 전압을 측정하여 기록하시오.

(9) 스위치 S_2를 열고, S_1도 열어 에미터-베이스 회로를 개방시키시오.

(10) 스위치 S_2를 닫고, 이 때의 콜렉터 전류를 측정하여 [실험표 4-1]에 기록하시오. 이것이 이 회로 조건에서 I_{CBO}의 전류값이다. 그리고, 콜렉터-베이스 전압을 측정하여 [실험표 4-1]에 기록하시오.

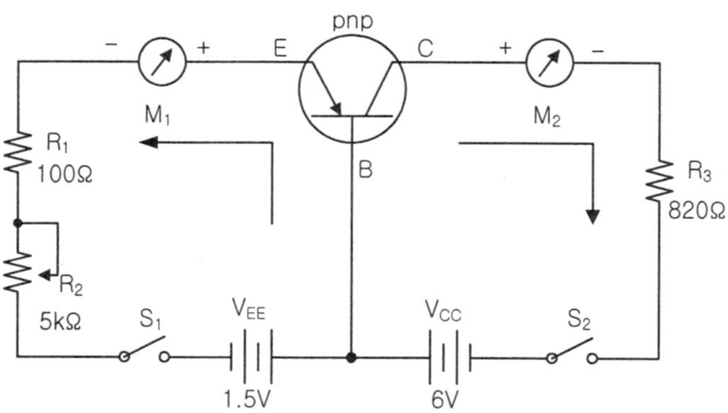

[그림 4-9] pnp 바이어스 3

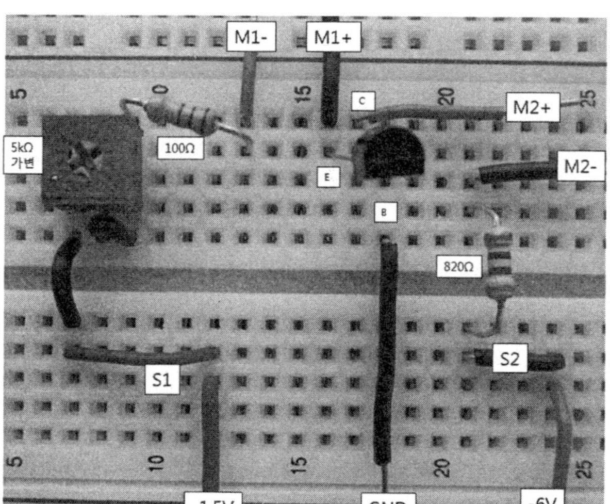

[그림 4-10] 회로 배선 참조도

[npn 바이어스]

(1) 스위치 S_1, S_2를 열고, [그림 4-11]과 같이 pnp형 트랜지스터 대신에 npn형 트랜지스터로 바꾸시오. 그리고 V_{CC}의 극성도 바꾸시오.

(2) 스위치 S_2를 닫고, 가변저항 R_2를 최대치로 놓으시오. S_1을 닫고, 에미터 및 콜렉터 전류를 관찰하고 측정하여 [실험표 4-1]에 기록하시오. 또한 에미터-베이스 전압 및 콜렉터-베이스 전압을 측정하여 [실험표 4-1]에 기록하시오.

(3) 가변저항 R_2를 최소치로 놓으시오. 이 때의 에미터 및 콜렉터 전류와 에미터-베이스 및 콜렉터-베이스 전압을 측정하여 [실험표 4-1]에 기록하시오.

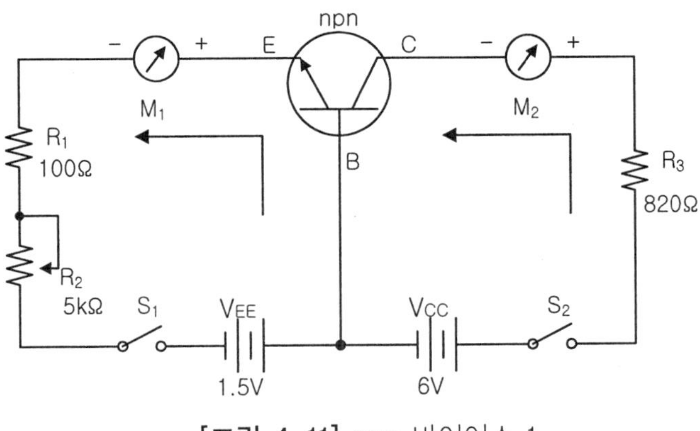

[그림 4-11] npn 바이어스 1

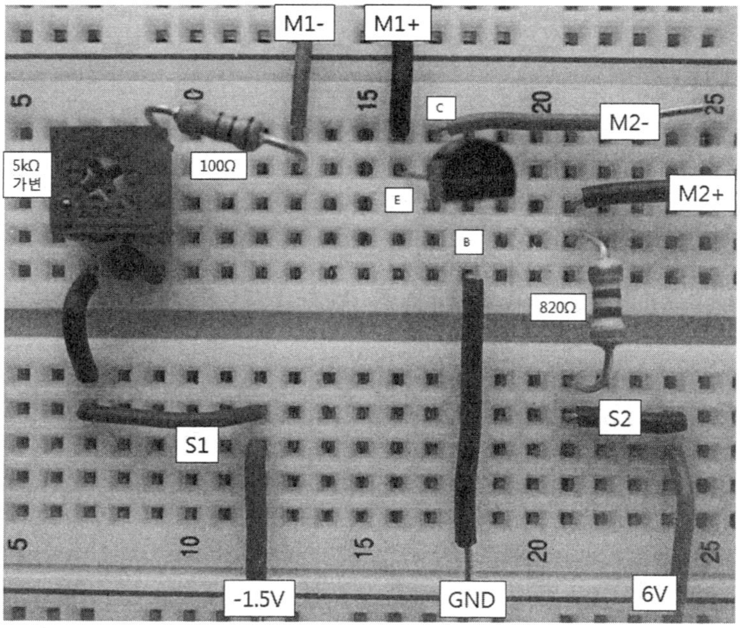

[그림 4-12] 회로 배선 참조도

(4) 스위치 S_1, S_2를 열고, 에미터 전원 V_{EE}의 극성과 디지털 멀티미터의 접속을 [그림 4-13]과 같이 바꾸시오. 가변저항 R_2를 최소치로 놓으시오

(5) 스위치 S_1, S_2를 닫고, 전류 및 전압을 측정하여 [실험표 4-1]에 기록하시오.

(6) 스위치 S_2를 열고, S_1도 열어 에미터-베이스 회로를 개방하시오.

(7) 스위치 S_2는 닫고, 이 때의 콜렉터 전류를 측정하여 [실험표 4-1]에 기록하시오. 또한 콜렉터-베이스 전압도 측정하여 기록하시오.

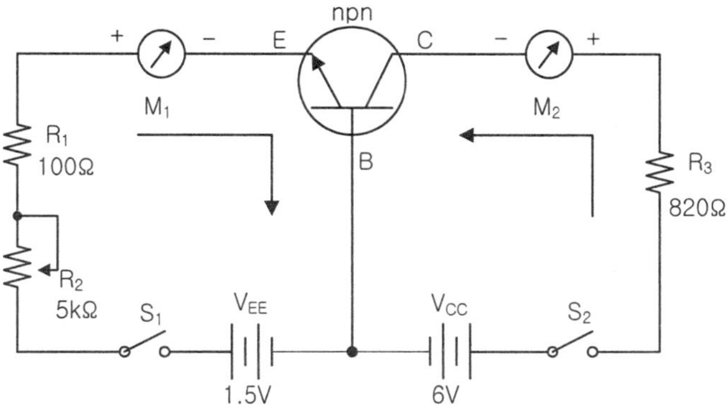

[그림 4-13] npn 바이어스 2

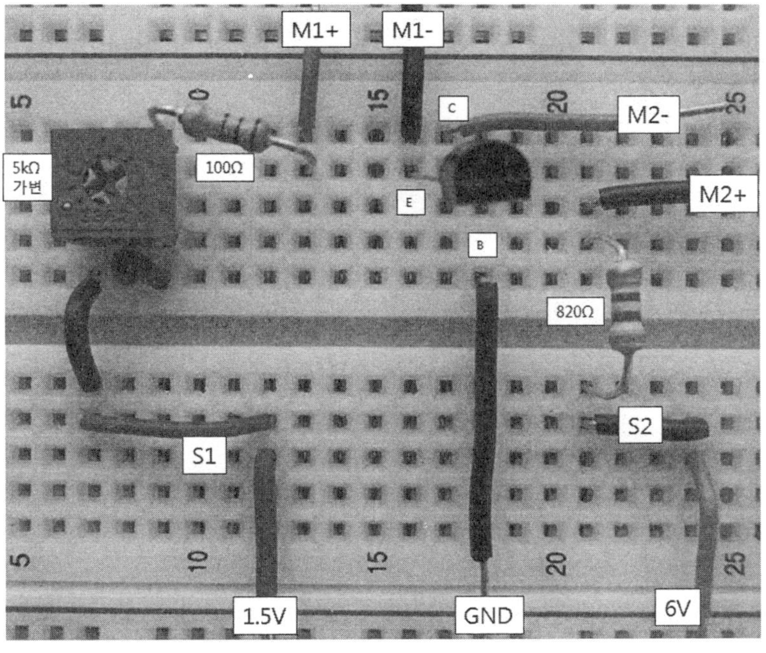

[그림 4-14] 회로 배선 참조도

4. 실험 결과 및 고찰

(1) [그림 4-5] ~ [그림 4-13] 중에서 (a) pnp형 트랜지스터, (b) npn형 트랜지스터에 대한 올바른 바이어스 방법을 나타내는 것은 어느 것인가? 또 그 이유를 [실험표 4-1]을 참고로 설명하시오.

(2) 에미터 바이어스를 증가시키면 콜렉터 전류값은 어떻게 되는지 실험 데이터를 이용하여 설명하시오.

(3) 에미터-베이스 회로에 역바이어스를 걸어주면 콜렉터 전류는 어떻게 되는지 실험 데이터를 이용하여 설명하시오.

(4) I_{CBO}는 무엇을 말하는가? 실험에서 I_{CBO}를 측정하는 방법에 대하여 설명하시오.

TOSHIBA 2SC1815

TOSHIBA TRANSISTOR SILICON NPN EPITAXIAL TYPE (PCT PROCESS)

2SC1815

AUDIO FREQUENCY GENERAL PURPOSE AMPLIFIER APPLICATIONS.
DRIVER STAGE AMPLIFIER APPLICATIONS.

- High Voltage and High Current
  : V_{CEO} = 50V (Min.), I_C = 150mA (Max.)
- Excellent h_{FE} Linearity
  : $h_{FE(2)}$ = 100 (Typ.) at V_{CE} = 6V, I_C = 150mA
  : h_{FE} (I_C = 0.1mA) / h_{FE} (I_C = 2mA) = 0.95 (Typ.)
- Low Noise : NF = 1dB (Typ.) at f = 1kHz
- Complementary to 2SA1015 (O, Y, GR class)

Unit in mm

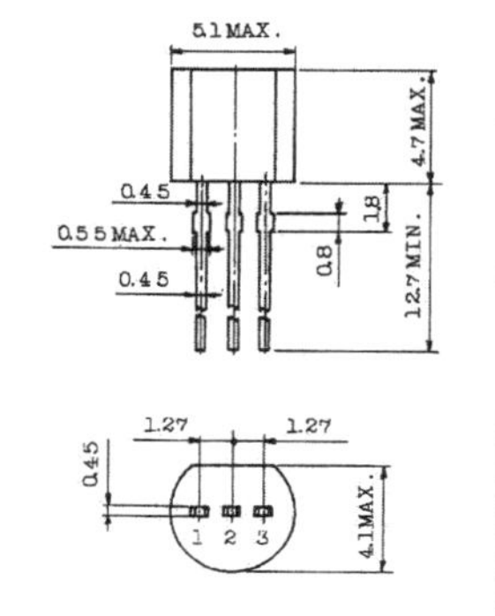

1. EMITTER
2. COLLECTOR
3. BASE

JEDEC	TO-92
EIAJ	SC-43
TOSHIBA	2-5F1B

Weight : 0.21g

MAXIMUM RATINGS (Ta = 25°C)

CHARACTERISTIC	SYMBOL	RATING	UNIT
Collector-Base Voltage	V_{CBO}	60	V
Collector-Emitter Voltage	V_{CEO}	50	V
Emitter-Base Voltage	V_{EBO}	5	V
Collector Current	I_C	150	mA
Base Current	I_B	50	mA
Collector Power Dissipation	P_C	400	mW
Junction Temperature	T_j	125	°C
Storage Temperature Range	T_{stg}	−55~125	°C

ELECTRICAL CHARACTERISTICS (Ta = 25°C)

CHARACTERISTIC	SYMBOL	TEST CONDITION	MIN.	TYP.	MAX.	UNIT
Collector Cut-off Current	I_{CBO}	V_{CB} = 60V, I_E = 0	—	—	0.1	μA
Emitter Cut-off Current	I_{EBO}	V_{EB} = 5V, I_C = 0	—	—	0.1	μA
DC Current Gain	$h_{FE(1)}$ (Note)	V_{CE} = 6V, I_C = 2mA	70	—	700	
	$h_{FE(2)}$	V_{CE} = 6V, I_C = 150mA	25	100	—	
Collector-Emitter Saturation Voltage	$V_{CE(sat)}$	I_C = 100mA, I_B = 10mA	—	0.1	0.25	V
Base-Emitter Saturation Voltage	$V_{BE(sat)}$	I_C = 100mA, I_B = 10mA	—	—	1.0	V
Transition Frequency	f_T	V_{CE} = 10V, I_C = 1mA	80	—		MHz
Collector Ouput Capacitance	C_{ob}	V_{CB} = 10V, I_E = 0, f = 1MHz	—	2.0	3.5	pF
Base Intrinsic Resistance	$r_{bb'}$	V_{CE} = 10V, I_E = −1mA f = 30MHz	—	50	—	Ω
Noise Figure	NF	V_{CE} = 6V, I_C = 0.1mA f = 1kHz, R_G = 10kΩ	—	1.0	10	dB

Note : h_{FE} Classification O : 70~140 Y : 120~240 GR : 200~400 BL : 350~700

961001EAA2

TOSHIBA 2SC1815

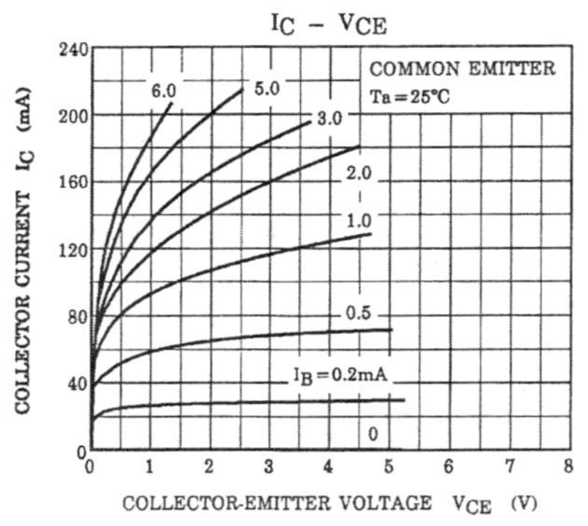

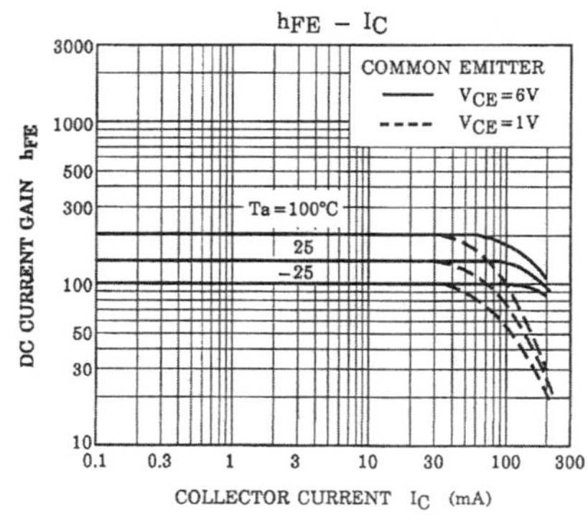

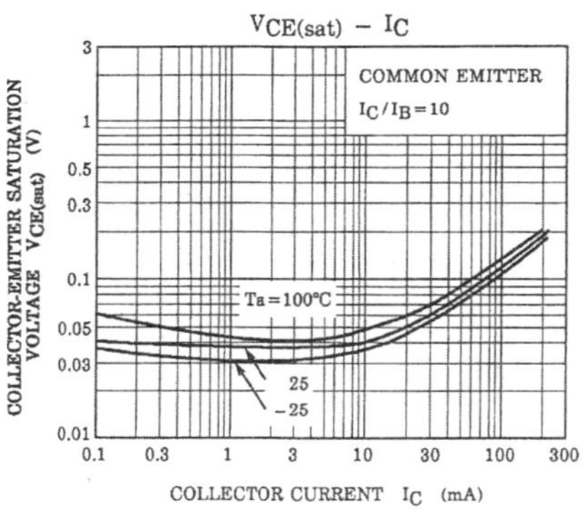

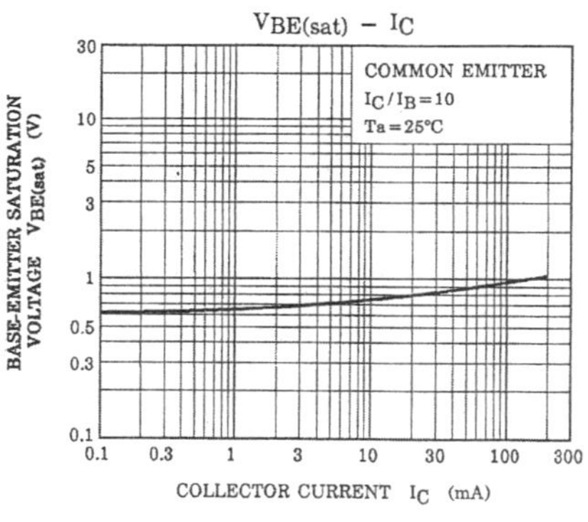

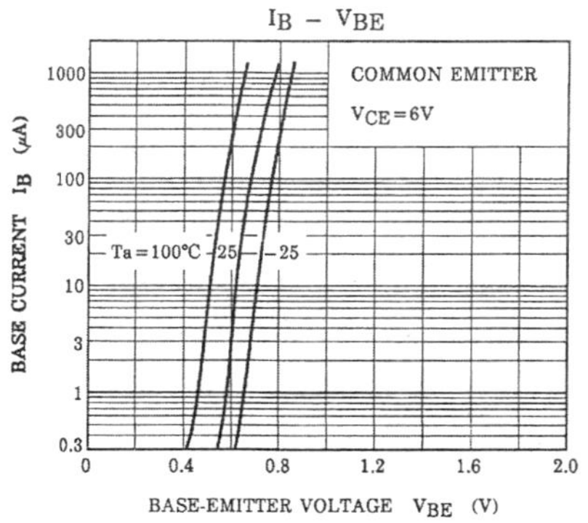

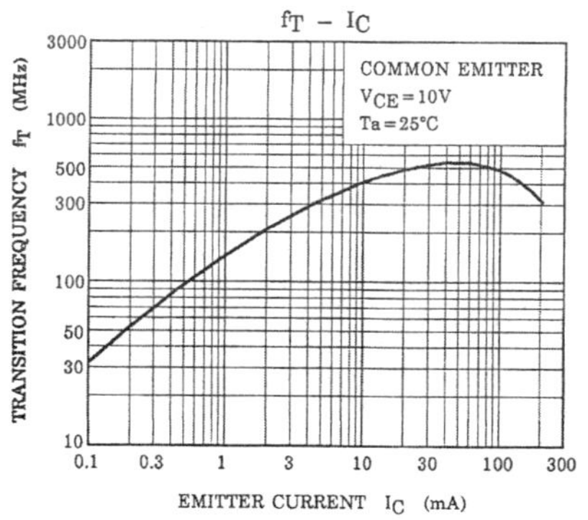

961001EAA2'

TOSHIBA 2SA1015

TOSHIBA Transistor Silicon PNP Epitaxial Type (PCT process)

2SA1015

Audio Frequency General Purpose Amplifier Applications
Driver Stage Amplifier Applications

- High voltage and high current: V_{CEO} = −50 V (min), I_C = −150 mA (max)
- Excellent h_{FE} linearity: $h_{FE\ (2)}$ = 80 (typ.) at V_{CE} = −6 V, I_C = −150 mA
  : h_{FE} (I_C = −0.1 mA)/h_{FE} (I_C = −2 mA) = 0.95 (typ.)
- Low noise: NF = 1dB (typ.) (f = 1 kHz)
- Complementary to 2SC1815.

Unit: mm

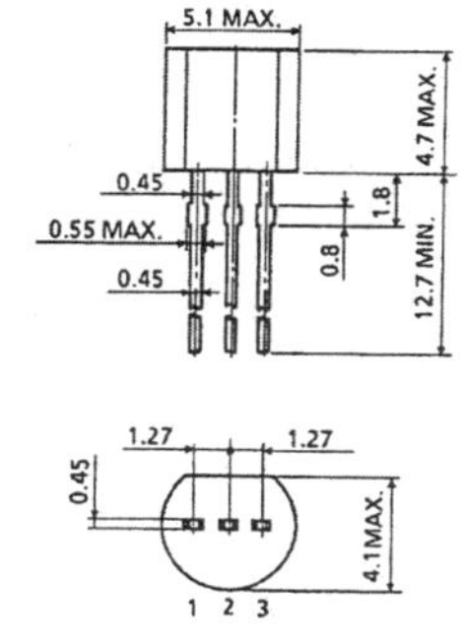

JEDEC	TO-92
JEITA	SC-43
TOSHIBA	2-5F1B

Weight: 0.21 g (typ.)

Absolute Maximum Ratings (Ta = 25°C)

Characteristics	Symbol	Rating	Unit
Collector-base voltage	V_{CBO}	−50	V
Collector-emitter voltage	V_{CEO}	−50	V
Emitter-base voltage	V_{EBO}	−5	V
Collector current	I_C	−150	mA
Base current	I_B	−50	mA
Collector power dissipation	P_C	400	mW
Junction temperature	T_j	125	°C
Storage temperature range	T_{stg}	−55~125	°C

Note: Using continuously under heavy loads (e.g. the application of high temperature/current/voltage and the significant change in temperature, etc.) may cause this product to decrease in the reliability significantly even if the operating conditions (i.e. operating temperature/current/voltage, etc.) are within the absolute maximum ratings.
Please design the appropriate reliability upon reviewing the Toshiba Semiconductor Reliability Handbook ("Handling Precautions"/"Derating Concept and Methods") and individual reliability data (i.e. reliability test report and estimated failure rate, etc).

Electrical Characteristics (Ta = 25°C)

Characteristics	Symbol	Test Condition	Min	Typ.	Max	Unit
Collector cut-off current	I_{CBO}	V_{CB} = −50 V, I_E = 0	—	—	−0.1	μA
Emitter cut-off current	I_{EBO}	V_{EB} = −5 V, I_C = 0	—	—	−0.1	μA
DC current gain	$h_{FE\ (1)}$ (Note)	V_{CE} = −6 V, I_C = −2 mA	70	—	400	
	$h_{FE\ (2)}$	V_{CE} = −6 V, I_C = −150 mA	25	80	—	
Collector-emitter saturation voltage	$V_{CE\ (sat)}$	I_C = −100 mA, I_B = −10 mA	—	−0.1	−0.3	V
Base-emitter saturation voltage	$V_{BE\ (sat)}$	I_C = −100 mA, I_B = −10 mA	—	—	−1.1	V
Transition frequency	f_T	V_{CE} = −10 V, I_C = −1 mA	80	—	—	MHz
Collector output capacitance	C_{ob}	V_{CB} = −10 V, I_E = 0, f = 1 MHz	—	4	7	pF
Base intrinsic resistance	$r_{bb'}$	V_{CE} = −10 V, I_E = 1 mA, f = 30 MHz	—	30	—	Ω
Noise figure	NF	V_{CE} = −6 V, I_C = −0.1 mA, R_G = 10 kΩ, f = 1 kHz	—	1.0	10	dB

Note: $h_{FE\ (1)}$ classification O: 70~140, Y: 120~240, GR: 200~400

TOSHIBA 2SA1015

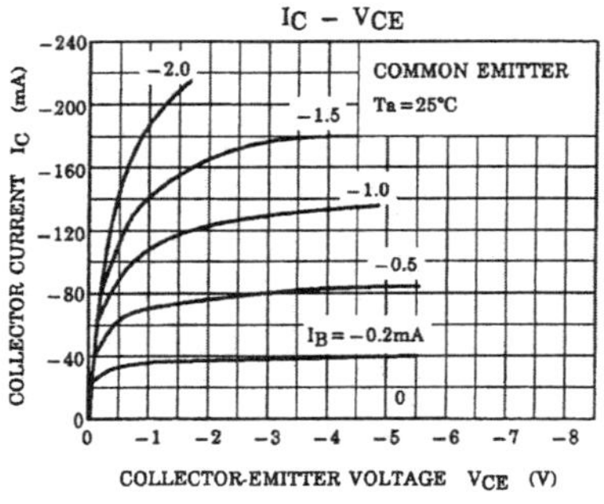

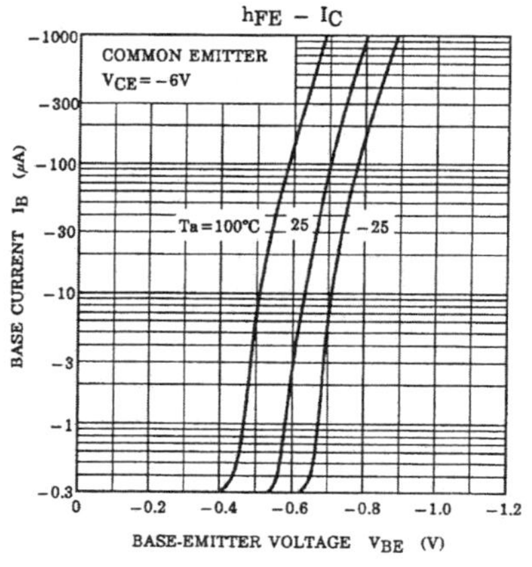

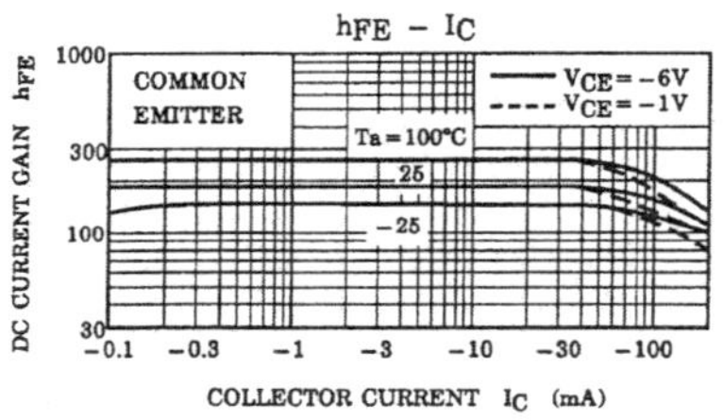

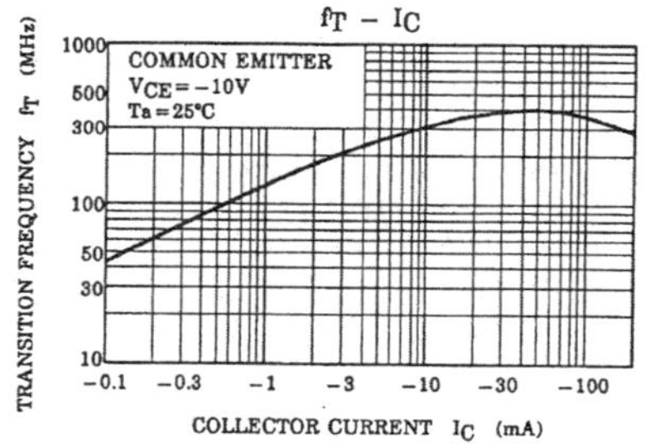

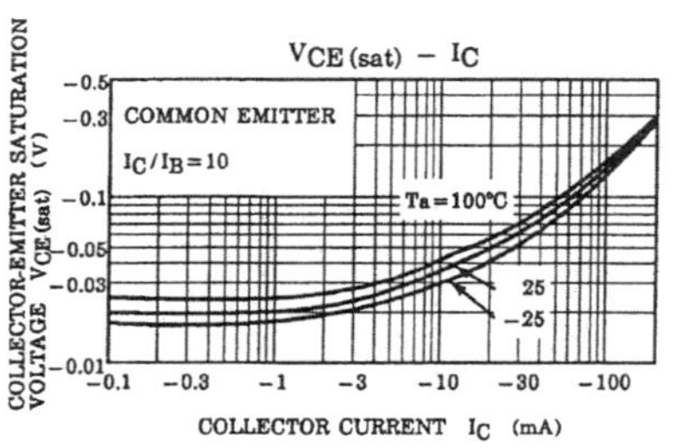

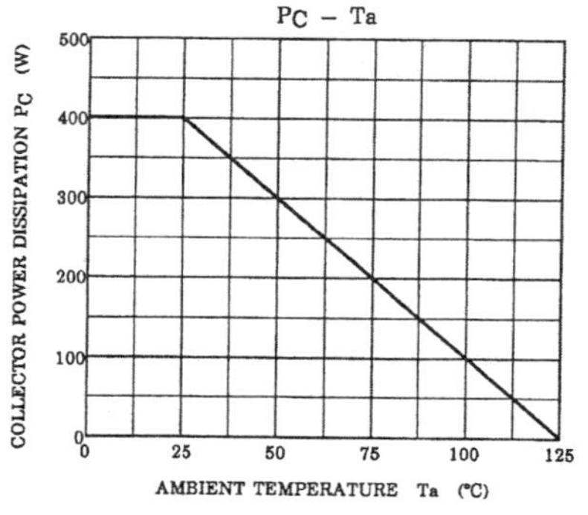

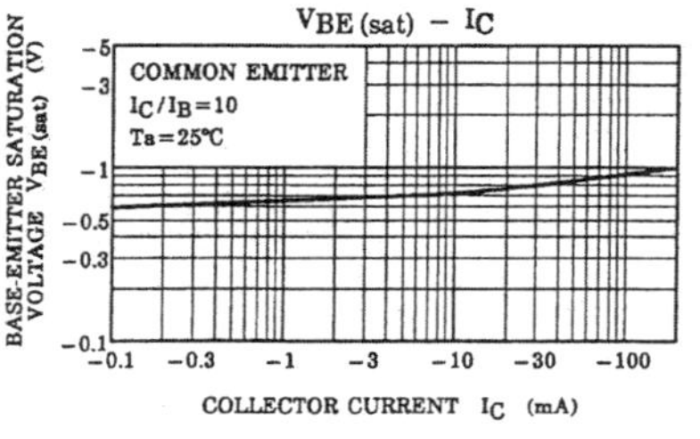

실험 4 실험 결과 보고서

실험일자	20 년 월 일	학 과	공학과	학 년	
학 번		이 름		실험조	
등 급				확인	

실험제목 : 바이폴라 트랜지스터의 동작

1. 실험 순서 (2)~(10)에 따라 다음 각 항의 해당란에 실험 결과를 기록하시오.

[실험표 4-1]

1 pnp 바이어스					2 npn 바이어스				
트랜지스터 :					트랜지스터 :				
순서	에미터-베이스		콜렉터-베이스		순서	에미터-베이스		콜렉터-베이스	
	전류 (mA)	전압 (V)	전류 (mA)	전압 (V)		전류 (mA)	전압 (V)	전류 (mA)	전압 (V)
(3)					X	X	X	X	X
(5)					(2)				
(6)					(3)				
(8)					(5)				
(10)	X	X			(7)				

2. 실험 결과 및 고찰

(1) [그림 4-5] ~ [그림 4-13] 중에서 (a) pnp형 트랜지스터, (b) npn형 트랜지스터에 대한 올바른 바이어스 방법을 나타내는 것은 어느 것인가? 또 그 이유를 [실험표 4-1]을 참고하여 설명하시오.

(2) 에미터 바이어스를 증가시키면 콜렉터 전류값은 어떻게 되는지 실험 데이터를 이용하여 설명하시오.

(3) 에미터-베이스 회로에 역바이어스를 걸어주면 콜렉터 전류는 어떻게 되는지 실험 데이터를 이용하여 설명하시오.

(4) I_{CBO}는 무엇을 말하는가? 실험에서 I_{CBO}를 측정한 방법에 대하여 설명하시오.

실험 05 에미터공통 회로의 특성과 에미터 공통 증폭기 I (바이어스 및 이득)

1. 실험 목적

(1) 에미터공통 회로(common emitter: CE)에서 V_{CE} 대 I_C의 특성곡선을 구한다.

(2) 에미터공통 회로에서 I_B 변화에 따른 I_C 변화를 측정해 전류이득 β를 결정한다.

(3) 전압분할 바이어스를 이용한 에미터공통 증폭기를 구성하고 전압이득을 측정한다.

(4) 에미터 측로(bypass) 캐패시터가 증폭기의 이득에 미치는 영향을 관찰한다.

2. 기본 이론

2.1 바이폴라 트랜지스터의 기본회로

에미터, 베이스, 콜렉터로 구성된 3단자 소자인 트랜지스터를 입력 및 출력의 4단자 회로로 연결하기 위해서는 하나의 단자를 공통으로 사용하여야 하며, 그 연결법은 베이스공통(common base : CB) 접속, 에미터공통(common emitter : CE) 접속, 콜렉터공통(common collector : CC) 접속 세 가지로 구분된다.

한편, 능동소자들은 비선형 특성을 갖고 있기 때문에 선형증폭기에 이용하기 위해서는 특성 곡선상의 선형 부분만을 사용해야 한다. 능동소자인 트랜지스터를 신호의 왜곡이 없는 증폭기로 사용하기 위해서는 소자에 적절한 바이어스를 인가해 주어야 한다. 즉 비선형 부분을 제외한 선형 특성을 갖는 부분만을 사용하기 위해서 능동소자에 입력신호를 인가하기 전에 미리 적당한 전압이나 전류를 흘려주어 선형영역에서 동작하도록 해야 한다. 이것을 바이어스 전압(bias voltage), 바이어스 전류(bias current)라 한다. 즉, 능동소자의 정특성 곡선상의 선형영역 중에서 입력신호의 크기에 따라 적당한 위치에 동작점(operating point)을 설정해야 하며, 이 동작점을 설정하기 위한 전압과 전류가 바이어스 전압, 바이어스 전류인 것이다.

(1) 베이스공통 접속

트랜지스터의 베이스 단자를 공통으로 하고, 에미터 단자와 베이스 단자 사이를 입력으로 하고, 콜렉터 단자와 베이스 단자 사이를 출력으로 사용하는 회로 구조를 베이스 공통(common base: CB) 접속이라고 한다. 베이스공통 회로는 활성영역(active region)에서 증폭작용이 이루어진다. 베이스공통 회로에서는 일정한 V_{CE}에 대해 I_E의 변화에 대한 I_C의 변화의 비를 순방향 전류 전달비라 하며, α로 표시한다.

$$\alpha = \frac{\Delta I_C}{\Delta I_E} \tag{5-1}$$

α의 전형적인 값은 0.9~0.998 이며, 근사적으로 다음과 같이 표현된다.

$$\alpha \simeq \frac{I_C}{I_E} \tag{5-2}$$

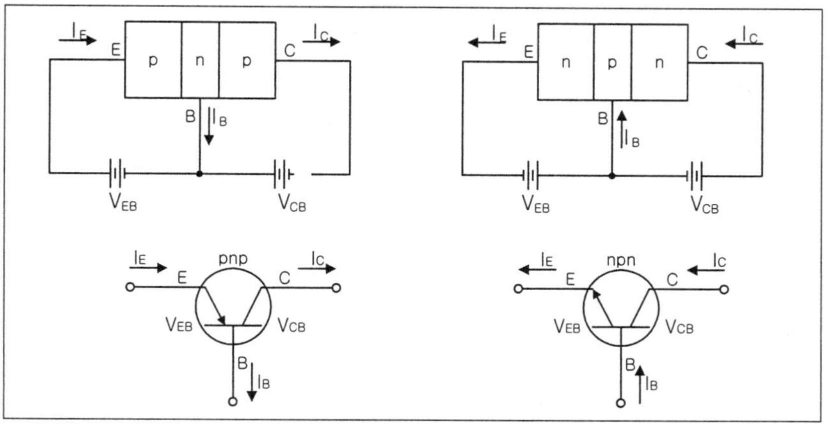

[그림 5-1] 베이스공통 접속 (단, I_E : 입력전류 , I_C : 출력전류)

(2) 에미터공통 접속

트랜지스터의 에미터 단자를 공통으로 하며, 베이스 단자와 에미터 단자 사이를 입력으로 하고, 콜렉터 단자와 에미터 단자 사이를 출력으로 사용하는 구조를 에미터공통(common emitter: CE) 접속이라 한다. 에미터공통 접속은 가장 널리 쓰이는 트랜지스터 회로이고, 일정한 V_{CE}에서 I_B의 변화에 대한 I_C의 변화의 비를 순방향 전류 증폭률이라 하며, 그 값은 대략 20~600 이다.

$$\beta = \frac{\Delta I_C}{\Delta I_B} \simeq \frac{I_C}{I_B} \qquad (5\text{-}3)$$

(3) 콜렉터공통 접속

트랜지스터의 콜렉터 단자를 공통으로 하며, 베이스 단자와 콜렉터 단자 사이를 입력으로 하고, 콜렉터와 에미터 단자 사이를 출력으로 사용하는 회로구조를 콜렉터공통(common collector : CE) 접속이라 한다. 콜렉터공통 접속은 높은 입력 임피던스와 낮은 출력 임피던스를 갖는 특성을 가지며, 임피던스 정합(impedance matching)회로에 사용된다.

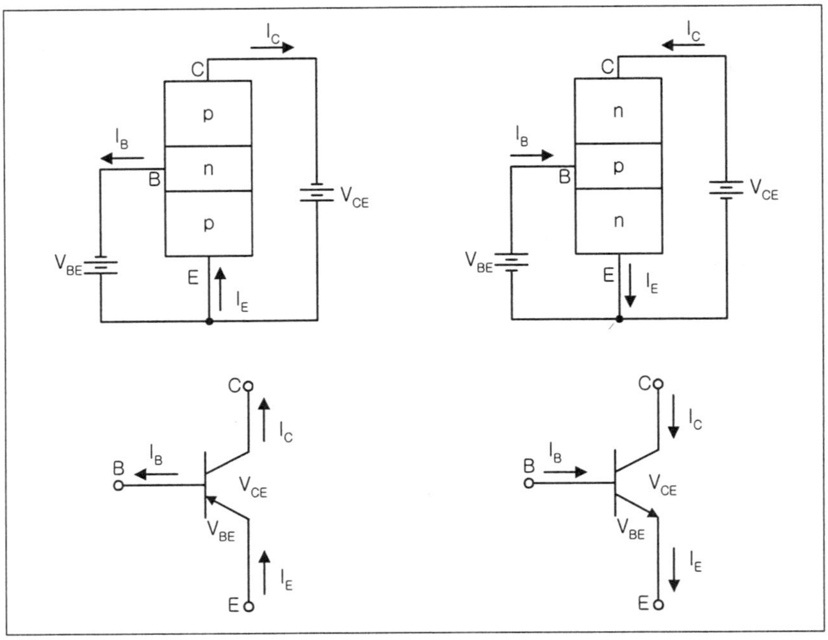

[그림 5-2] 에미터공통 접속(단, I_B : 입력전류 , I_C : 출력전류)

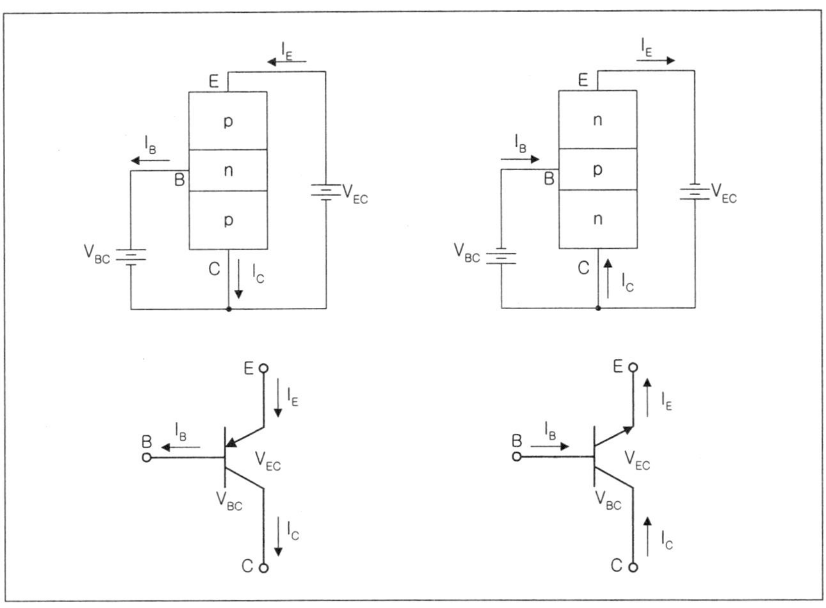

[그림 5-3] 콜렉터공통 접속

2.2 에미터공통 구성의 특성곡선

에미터공통 접속은 전압증폭, 전류증폭, 전력증폭의 특성을 가지므로 가장 많이 사용된다. 출력특성은 출력단자인 콜렉터와 에미터 사이의 콜렉터 특성 (V_{CE} 대 I_C)을 말하고, 입력특성은 입력단자인 베이스와 에미터 사이의 베이스특성 (V_{BE} 대 I_B)을 말한다.

[그림 5-4]는 트랜지스터의 특성곡선으로 트랜지스터의 파라미터 변화에 따른 영향을 그래프로 나타낸 것이다. [그림 5-4(a)]는 일정한 I_B에서 V_{CE}의 변화에 따른 I_C 의 변화를 도시한 출력특성곡선이다. [그림 5-4(b)]는 V_{CE}가 일정할 때 V_{BE}에 따른 I_B의 변화를 도시한 입력특성곡선이다.

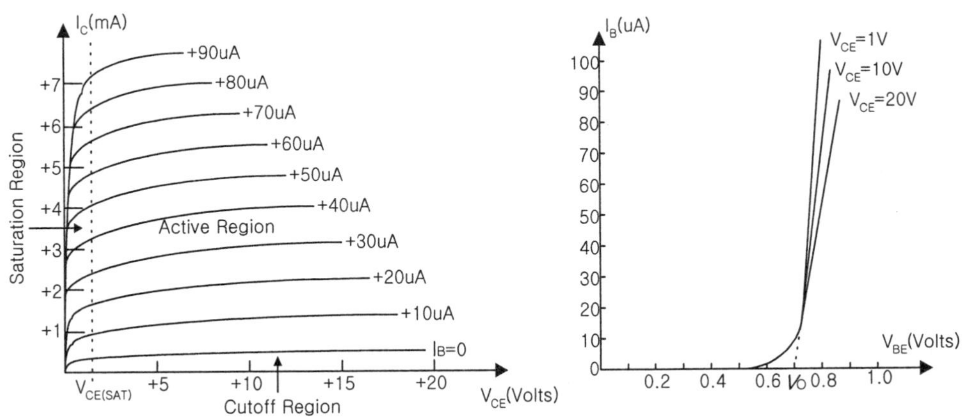

(a) (b)

[그림 5-4] 에미터 공통 구성의 입•출력 특성곡선

[그림 5-5]를 보면 콜렉터 전류는 콜렉터 전압과 무관하게 일정하며 베이스전류에 의존함을 알 수 있다. 즉, 콜렉터 전류는 베이스 전류값에 따라 변하므로 트랜지스터를 전류제어형 소자(current controlled device)라 부른다. 한편 이 그림에서 0.1mA의 베이스 바이어스 전류에 대한 특성곡선은 $V_{CE} = -12V$에서

끝나며, 이 때의 콜렉터 전류는 약 12mA가 된다. 즉 V_{CE}와 I_C의 곱은 144mW 이므로 트랜지스터의 정격 소비전력 150mW에 가깝다.

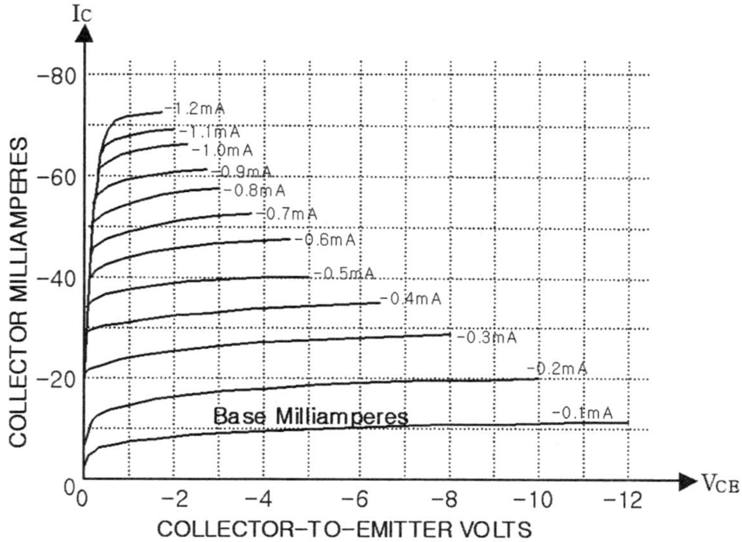

[그림 5-5] 2N217의 에미터 공통구성에서의 콜렉터특성

2.3 에미터공통 증폭기의 동작

에미터공통 회로는 베이스 전류 I_B로 콜렉터 전류 I_C를 제어하며, 이때의 전류이득을 β라 한다. 바이어스 전압의 연결은 에미터-베이스 접합을 순방향 바이어스로, 콜렉터-베이스 접합을 역방향 바이어스로 인가한다.

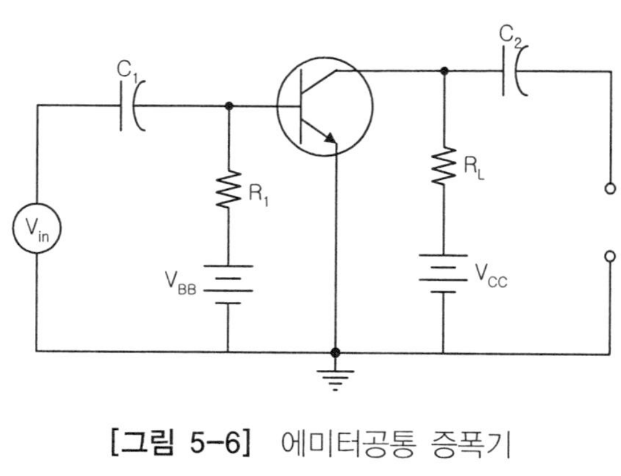

[그림 5-6] 에미터공통 증폭기

입력신호 전압 v_{in}은 캐패시터 C_1에 연결되어 베이스에 가해지고, 출력신호 전압 v_{out}은 콜렉터에서 얻어진다. 저항 R_1은 베이스-에미터 회로의 전류를 제한하며, V_{BB}와 함께 베이스 바이어스 전류값 또는 동작점을 결정한다.

$$I_B \simeq \frac{V_{BB}}{R_1} \qquad (5\text{-}4)$$

에미터공통 회로에서 콜렉터 전류의 범위는 트랜지스터의 β에 의존하고, 입력신호 전류는 기준 베이스 바이어스 전류와 중첩되어 베이스 전류를 증가 또는 감소시킨다.

[그림 5-7]은 트랜지스터의 동작점이 $I_B = 100\,\mu A$, $I_C = 2mA$임을 보여준다. 신호전류 i_b의 변화에 따라 한 주기 동안 콜렉터 전류 $I_C + i_c$는 2mA →3mA → 2mA→ 1mA→ 2mA로 변한다. 단, 전류이득은 β=20으로 가정한다. 이때, 출력신호 전압은

$$v_{out} = -i_c R_L \quad (R_L\text{: 콜렉터 부하저항}) \qquad (5\text{-}5)$$

이다. 만약 베이스전류 i_b가 정현파이고, 출력신호전류 i_c가 찌그러짐이 없다면 출력신호전압 v_{out}은 정현파가 된다.

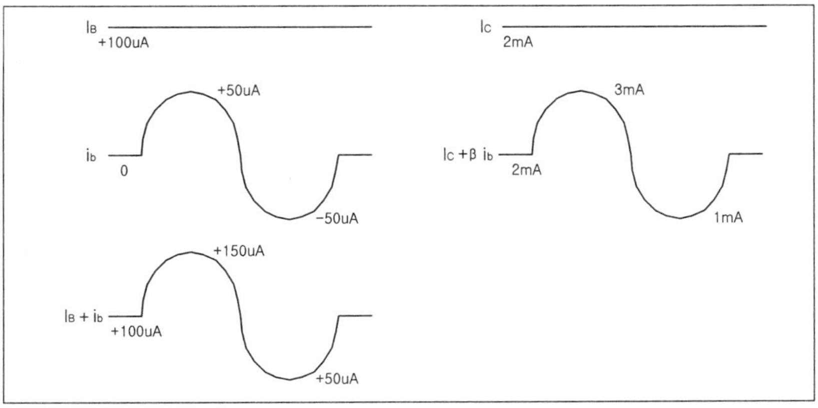

[그림 5-7] 에미터공통 증폭기에서 베이스 및 콜렉터 전류

2.4 에미터공통 증폭기의 바이어스

에미터공통 증폭기는 트랜지스터 특성의 선형부분에서 동작하도록 베이스가 적절하게 바이어스 되어야 하며, 이를 위해 다양한 바이어스 회로가 이용된다.

(1) 고정 바이어스 회로

고정 바이어스 회로(fixed bias circuit)에서는 콜렉터 전류와 베이스 전류가 전원과 병렬로 인가된다. 트랜지스터를 활성영역에서 동작시키기 위해 베이스-에미터 간에는 순방향 바이어스, 콜렉터-베이스 간에는 역방향 바이어스의 조건을 만들어 주어야한다. 고정 바이어스 회로에서 베이스에는 바이어스 저항 R_1에 따른 베이스 전류가 흐르게 되며 이 전류는 에미터로 흘러간다. 이 과정에서 베이스와 에미터에는 적당한 크기의 바이어스 전압이 형성된다. 입력에 따른 콜렉터 전류의 크기가 선형영역을 넘어서 포화영역에 이르게 되면 특성곡선의 선형영역에서 동작을 할 수 없게 된다. 이 회로는 가장 간단한 회로로서 전력소비는 적지만 안정도는 그다지 좋지 않아 실제 사용되지 않는다.

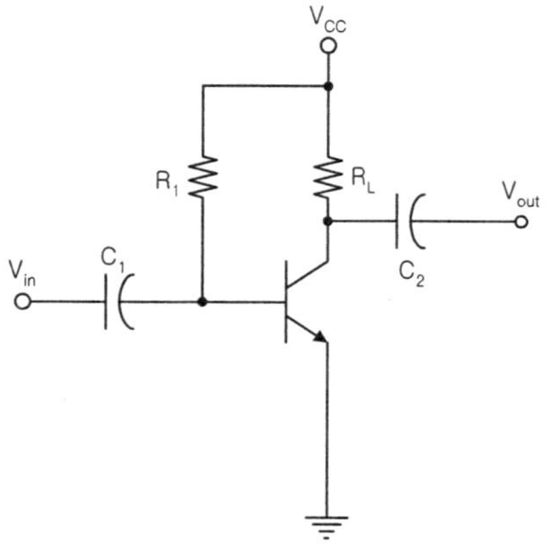

(a) 고정바이어스

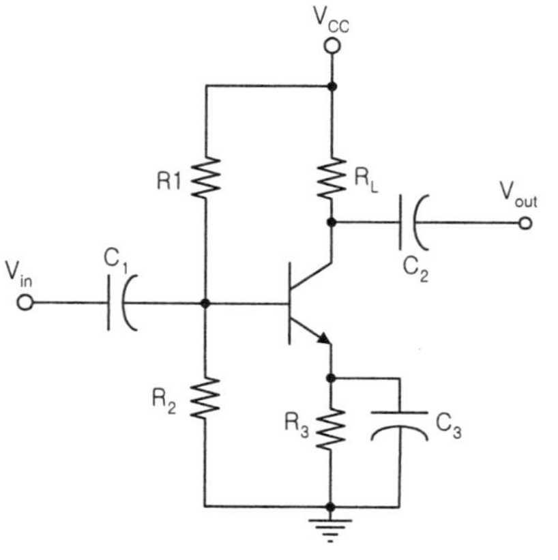

(b) 전압분배 바이어스

[그림 5-8] 에미터공통 증폭기의 바이어스 회로

(2) 전압분배 바이어스 회로

전압분배 바이어스(voltage-divider bias)회로는 선형회로에서 가장 널리 사용되는 바이어스 방식이며, "전압분배"라는 용어는 저항으로 구성된 전압 분배기에서 나온 용어이다. 이때 저항 R_2에 걸리는 전압은 에미터-베이스 접합을 순방향 바이어스시킨다. 이 회로는 온도변화에 따른 콜렉터 전류의 변화를 저항 R_3을 통해 입력 쪽 바이어스 전압 V_{BE}로 궤환시켜 콜렉터전류 I_C를 일정한 값으로 유지하는 기능을 갖는다. 온도변화를 궤환시켜 출력전류를 일정하게 유지하는 동작을 순차적으로 기술하면 다음과 같다.

온도변화 → I_C 증가 → I_E 증가 → V_{R3} 증가 →
V_{BE} 감소 → I_B 감소 → I_C 감소

[그림 5-8]에서 저항 R_1과 R_2는 베이스 단자에 적당한 전압을 분할 인가하는 역할을 하며, R_3는 트랜지스터의 온도 변화에 기인된 콜렉터 전류의 미소변화를 보상한다. 캐패시터 C_1, C_2는 직류 성분을 차단하는 역할을 하며, C_3는 증폭된 교류성분을 위한 측로를 제공한다.

캐패시터 C_3의 용량성 리액턴스가 증폭기에서 처리하는 교류신호주파수에 대해 R_3의 저항치보다 매우 작다면 C_3는 교류신호 전류에 대해 낮은 임피던스 통로로 작용하고, 교류신호 출력의 감소량은 무시될 정도가 되어 R_3는 직류 바이어스 안정화를 이루게 된다. 캐패시터 C_3는 에미터 저항 R_3와 측로되는 최저 주파수 f_{min}를 이용하여 찾는다.(캐패시터의 용량성 리액턴스가 저항 R_3의 1/10이 되도록)

$$X_{C3} = \frac{R_3}{10} \tag{5-6}$$

즉, $\frac{1}{\omega C_3} = \frac{1}{2\pi f_{min} C_3} = \frac{R_3}{10}$ 에서 $C_3 = \frac{10}{2\pi f_{min} R_3}$ 이 된다.

3. 예비 과제

(1) 에미터공통 증폭기에서 결합 캐패시터와 측로 캐패시터의 역할을 설명하시오.

(2) 에미터공통 구성의 특성곡선에 대해 설명하시오.

3. 실험 방법

3.1 사용기기 및 부품

기기 : 전원공급기, 함수 발생기, 디지털 멀티미터, 오실로스코프

부품 : 트랜지스터 - 2SC1815(npn형, ECB)

저항 - 100Ω, 470Ω, 560Ω, 1kΩ, 4.7kΩ, 8.2kΩ, 18kΩ, 270kΩ

가변저항 - 5kΩ 2개

캐패시터 - 22uF(35V) 2개, 100uF(35V)

3.2 실험 순서

[β 측정]

(1) [그림 5-9]의 회로를 구성하시오. 이 때 가변저항 R_4는 전원을 넣기 전에 최대치로 맞추어 놓으시오.

(2) 결선이 잘 되었는지 회로를 점검하시오.

(3) 스위치 S_1, S_2를 닫고, 가변저항 R_2를 최대치에서 최소치까지 변화시키시오. 이에 따라 이 회로에서 베이스전류 I_B는 최소치에서 최대치까지 증가하게 된다. I_B의 증가에 따른 I_C의 변화를 관찰하고, 그 결과를 [실험표 5-1]에 기록하시오.

(4) 베이스 전류(M1)가 10uA가 되도록 가변저항 R_2를 조정하시오. 또한 콜렉터 전압(V_{CE})이 6V가 되도록 가변저항 R_4를 조정하시오. 이 때의 콜렉터 전렉터 전류 I_C를 측정하여 [실험표 5-1]에 기록하시오.

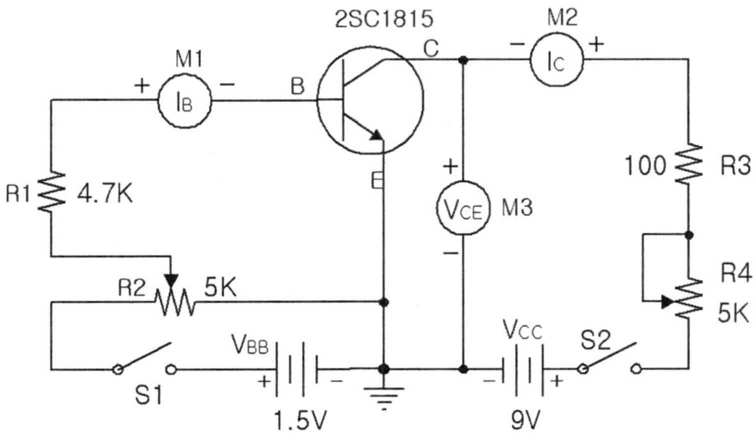

[그림 5-9] β 측정

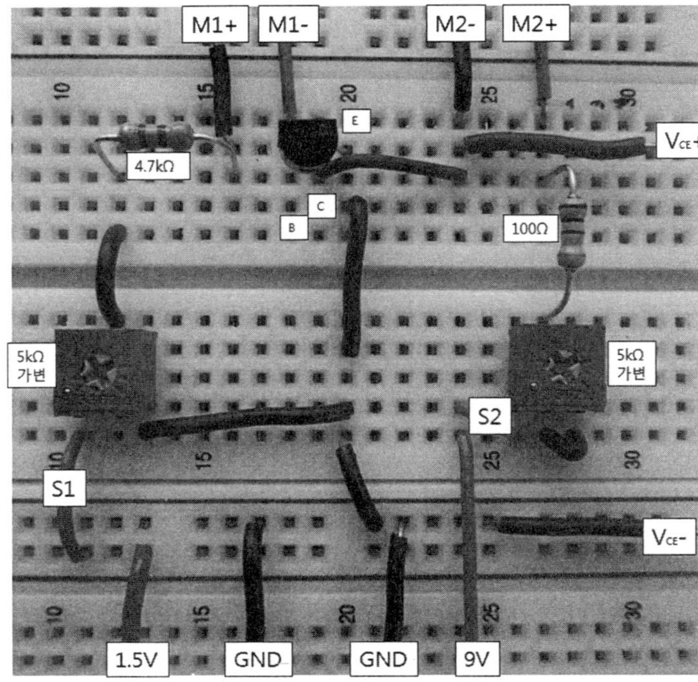

[그림 5-10] 회로 배선 참조도

(5) I_B가 30 μA가 되도록 R_2를 조정하고, V_{CE}가 6V로 유지되도록 R_4를 조정하시오. 이 때의 I_C를 측정하여 [실험표 5-1]에 기록하시오.

(6) I_B가 40 μA가 되도록 R_2를 조정하고, V_{CE}가 6V로 유지되도록 R_4를 조정하시오. 이 때의 I_C를 측정하여 [실험표 5-1]에 기록하시오.

(7) 베이스 전류 I_B가 최대치가 되도록 가변저항 R_2를 조정하고, V_{CE}가 6V로 유지되도록 가변저항 R_4를 조정하시오. 이 때의 I_C를 측정하여 [실험표 5-1]에 기록하시오.

(8) 측정값을 이용하여 β를 계산하고 [실험표 5-1]에 기록하시오.

[V_{CE} 대 I_C]

(1) [그림 5-11] 회로를 결선하시오.

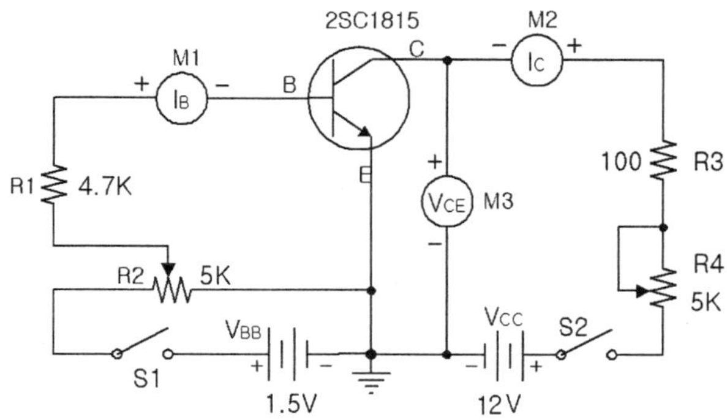

[그림 5-11] V_{CE} 대 I_C

(2) 스위치 S_1과 S_2를 닫고, 베이스 전류 I_B가 10μA가 되도록 가변저항 R_1을 조정하시오.

(3) V_{CE}의 값이 [실험표 5-2]에서 지시된 값들이 되도록 V_{CC}를 조정하고, 각각의 V_{CE}값에 대한 I_C값을 측정하여 기록하시오. 이때 I_B값이 유지되도록 재조정하시오.

(4) [실험표 5-2]에 지시된 I_B의 모든 값(30uA, 50uA)에 대해 앞의 실험순서들을 반복하시오.

[바이어스 안정화]

(1) [그림 5-12]의 회로를 결선하시오.

(2) 회로에서 전류 I_C를 측정하여 [실험표 5-3]에 기록하시오. 디지털 멀티미

터를 사용하여 베이스-에미터 전압 V_{BE}와 콜렉터-에미터 전압 V_{CE}를 측정하여 [실험표 5-3]에 기록하시오. 만약 측정한 V_{CE} 값이 0V나 9V에 가깝게 있을 때는 베이스 바이어스 저항 R_1을 바꾸어서 대략 4~5V 정도가 되도록 하시오.

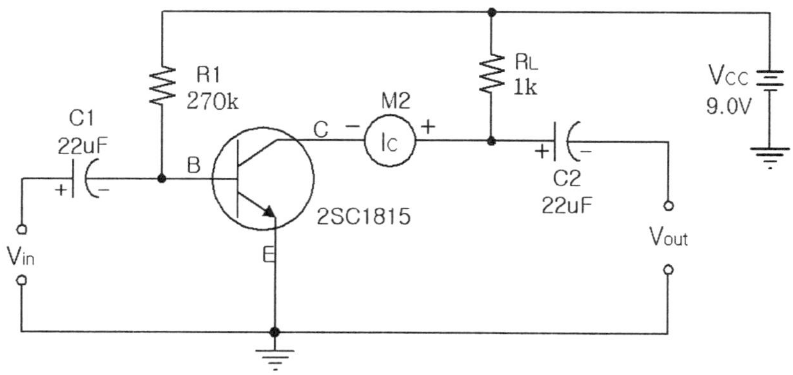

[그림 5-12] 바이어스 안정화1

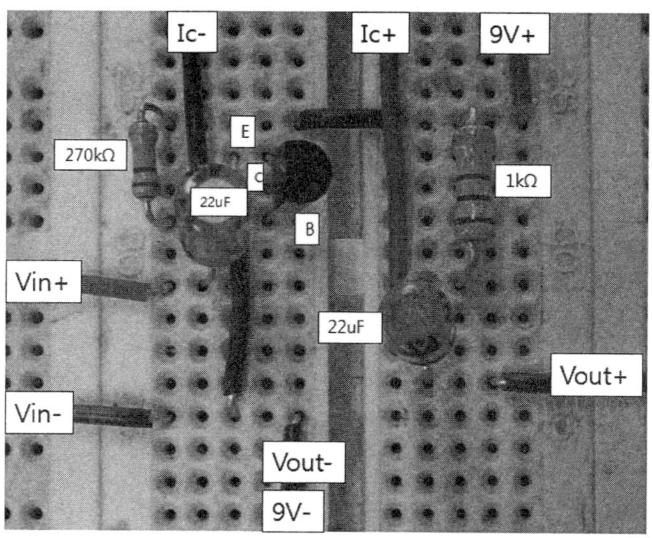

[그림 5-13] 회로 배선 참조도

(3) 이 증폭기의 입력단자에 함수 발생기를 연결하고, 주파수를 1kHz로 하여 출력을 최소로 조정하시오. 또한 이 증폭기의 출력단자 V_{out}에 오실로스

코프의 수직입력 프로브(probe)를 연결하고, 적당하게 보이도록 오실로스코프를 조정하시오.

(4) 오실로스코프에 찌그러짐이 없는 최대 정현파가 나타나도록 함수 발생기의 출력레벨을 증가시키시오. 이 때의 입력신호 파형 및 출력신호 파형의 첨두-첨두 전압을 측정하여 [실험표 5-3]에 기록하시오. 또한 직류 전류 및 전압 I_C, V_{BE}, V_{CE}를 디지털 멀티미터로 측정하여 기록하고, 입력 및 출력파형을 [실험표 5-3]에 간단히 그리시오.

(5) [그림 5-14]와 같이 회로를 바꾸고, 회로결선을 점검하시오.

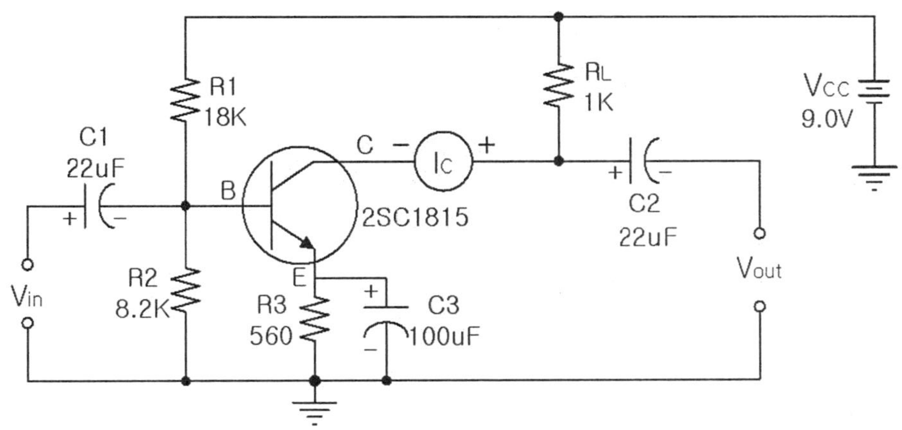

[그림 5-14] 바이어스 안정화 2

(6) 전원을 넣고 I_C, V_{BE}, V_{CE}를 측정하여 [실험표 5-3]에 기록하시오.

(7) 이 증폭기의 입력단자에 함수 발생기를 연결하고 주파수를 1kHz로 하여 출력을 최소로 하시오. 또한 이 증폭기의 출력단자에 오실로스코프 수직 입력 프로브를 연결하고 적당하게 보이도록 조정하시오.

(8) 오실로스코프를 보면서 이 증폭기가 찌그러짐이 없는 최대출력이 나오도록 함수 발생기의 출력을 조정하시오. 이때의 입력 및 출력파형의 첨두-첨두 전압을 측정하고 입력 및 출력 파형을 [실험표 5-3]에 그리시오. 또한 I_C, V_{BE}, V_{CE}를 측정하여 [실험표 5-3]에 기록하시오.

[에미터 측로 캐패시터가 이득에 미치는 영향]

(1) [그림 5-14]의 증폭기 출력양단에 연결된 오실로스코프를 보면서 증폭기의 출력전압이 찌그러짐이 없는 최대출력 전압의 50%가 되도록 함수발생기의 출력을 조정하시오.

(2) 입력신호(베이스와 접지 사이)와 출력신호(콜렉터와 접지 사이)의 첨두-첨두 전압과 파형을 측정하여 [실험표 5-4]에 기록하시오. 또한 에미터와 접지 사이의 ac 신호파형을 관찰하고 측정하여 [실험표 5-4]에 기록하시오.

(3) 이 증폭기의 ac이득(출력신호/입력신호)을 계산하여 [실험표 5-4]에 기록하시오.

(4) 함수발생기의 출력을 변화시키지 말고 회로에서 캐패시터 C3을 제거한 후 위의 실험순서 (2), (3)을 반복하여 그 결과를 [실험표 5-4]에 기록하시오.

4. 실험결과 및 고찰

(1) [실험표 5-2]의 데이터로부터 V_{CE} 대 I_C 곡선을 그려보시오.

(2) (1)의 곡선군으로 부터 I_B=30μA, V_{CE}=8V 부근에서 β값을 계산하시오.

(3) 바이어스 안정화 기법이 왜 사용되는지를 설명하시오.

실험 5 실험 결과 보고서

실험일자	20 년 월 일	학 과	공학과	학 년	
학 번		이 름		실험조	
등 급				확인	

실험제목 : 에미터 공통회로의 특성과 에미터 공통 증폭기 (바이어스 및 이득)

1. β 측정

실험 순서에 따라 다음 각 항의 해당란에 실험 결과를 기록하시오.

[실험표 5-1]

실험순서	I_B, I_C 최소/최대	실험순서	I_B[uA]	I_C[mA]
(3)	$I_{B(min)}=$ $I_{B(max)}=$	(4)	10uA	
		(5)	30uA	
	$I_{C(min)}=$ $I_{C(max)}=$	(6)	40uA	
		(7)		
(8)	β= I_C/ I_B =			

2. V_{CE} 대 I_C

실험 순서에 따라 다음 각 항의 해당란에 실험 결과를 기록하시오.

[실험표 5-2]

I_B[μA]	I_C[mA]							
	V_{CE}[V]							
	0	1.0	2.0	4.0	6.0	8.0	10.0	11.0
10	0							
30	0							
50	0							

3. 바이어스 안정화

실험 순서에 따라 다음 각 해당란에 실험 결과를 기록하시오.

[실험표 5-3]

	전류	전압[V]		파형				이득
실험 순서	I_C[mA]	V_{BE}	V_{CE}	입력파형	$V_{pp(in)}$	출력파형	$V_{pp(out)}$	$\frac{V_{pp(out)}}{V_{pp(in)}}$
(2)								
(4)								
(6)								
(8)								

4. 에미터 측로 캐패시터가 이득에 미치는 영향

실험순서에 따라 다음의 각 해당란에 실험 결과를 기록하시오.

[실험표 5-4]

실험 순서	파 형 및 V_{pp} 측정						
	입력파형 (베이스와 접지 사이)	$V_{pp(in)}$ (베이스와 접지 사이)	출력파형 (콜렉터와 접지 사이)	$V_{pp(out)}$ 콜렉터와 접지 사이)	에미터 (에미터와 접지 사이)	$V_{pp(E)}$ (에미터와 접지 사이)	이득 $\frac{V_{pp(out)}}{V_{pp(in)}}$
(2),(3)							
(4)							

5. 실험 결과 및 고찰

(1) [실험표 5-2]의 데이터로부터 V_{CE} 대 I_C 곡선을 그려보시오.

(2) (1)의 곡선군으로 부터 I_B=30μA, V_{CE}=8V 부근에서 β값을 계산하시오.

(3) 바이어스 안정화 기법이 왜 사용되는지를 설명하시오.

실험 06 에미터공통 증폭기 II 및 콜렉터 공통 증폭기

1. 실험 목적

(1) 에미터공통 및 콜렉터공통 증폭기의 입력 및 출력 임피던스를 측정한다.
(2) 에미터공통 및 콜렉터공통 증폭기의 dB 전력이득을 결정한다.
(3) 에미터공통 및 콜렉터공통 증폭기의 입력 및 출력신호 전압의 위상을 관찰한다.

2. 기본 이론

에미터공통(CE : common emitter) 증폭기는 베이스공통 증폭기 등에 비해 높은 입력 임피던스와 낮은 출력 임피던스를 가지며 전류, 전압, 전력을 증폭하는 특성을 갖는다.

콜렉터공통(CC : common collector) 증폭기는 전압이득이 약 1이고, 입력 측 베이스 전압의 변동과 출력 측 에미터 전압의 변동이 같기 때문에 보통 에미터 폴로워(emitter follower)라 부른다. 콜렉터 증폭기의 입력 임피던스는 대단히 크고 출력 임피던스는 매우 낮다. 따라서 주로 임피던스 정합(matching)을 위한 버퍼(buffer)로 사용된다. CC 증폭기의 전압 이득은 1에 가까운 값을 가지며, 전류이득과 전력이득은 대략적으로 같은 값을 갖는다.

증폭기의 특성을 결정짓는 파라미터로서 입력 임피던스, 출력 임피던스, 전류이득, 전압이득, 전력이득 등이 있다. 일반적으로 입력 임피던스는 앞단의 신호를 감쇠 없이 받기 위해 클수록 좋으며, 출력 임피던스는 다음 단으로 신호를 감쇠 없이 전달하기 위해 낮을 수록 좋다. 이득은 사용 분야에 따라 다를 수 있다.

2.1 입력 임피던스의 측정

증폭기의 입력 임피던스 R_{in}(또는 Z_{in})은 입력신호 전압 v_{in}과 입력신호 전류 i_{in}와의 비로 정의되며, 다음 식으로 표현된다.

$$R_{in} = \frac{v_{in}}{i_{in}} \tag{6-1}$$

따라서, R_{in}은 회로에서 v_{in}과 i_{in}을 측정하여 실험적으로 결정할 수 있다. 증폭기에서 입력신호 전류는 교류 전류계를 사용하여 측정할 수 있다.

[그림 6-1(a)] 회로는 교류 전압계 또는 오실로스코프로 i_{in}을 간접적으로 측정하기 위한 CE 증폭기 회로를 나타낸다.

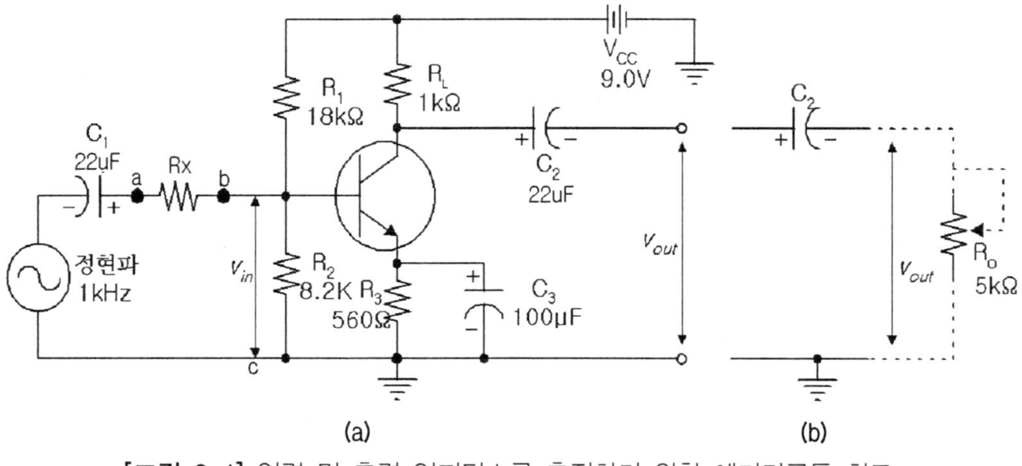

[그림 6-1] 입력 및 출력 임피던스를 측정하기 위한 에미터공통 회로

함수 발생기의 출력을 증폭기에 입력시키고 이미 저항값을 알고 있는 R_x를 직렬로 연결한다. R_x양단의 전압 v_x를 교류 전압계 또는 오실로스코프로 측정한다. 따라서 R_x에 흐르는 전류는 Ohm의 법칙에 의해서 구해진다. 즉,

$$i_{in} = i_x = \frac{v_x}{R_x} \qquad (6\text{-}2)$$

점 b와 점 c 사이의 측정된 신호전압 v_{in}은 증폭기의 입력이 된다. 따라서 입력저항 R_{in}는 이 두 가지의 측정값으로부터 계산할 수 있다. 다른 방법으로서는 [그림 6-1(a)]에서와 같이 점 a와 b사이에 고정저항 대신에 가변저항 R_x를 연결하여 R_x 양단의 전압 v_x가 v_{in}과 같은 크기가 되도록 가변저항 R_x를 조정한 다음 R_x를 회로로부터 떼어내어 저항계(Ohm meter)로 저항값을 측정한다. 이 때 R_x의 저항값이 입력저항 R_{in}이 된다.

CE 증폭기의 입력 임피던스는 입력회로에 부궤환(negative feedback)을 걸어줌으로써 증가될 수 있다. [그림 6-1(a)]에서 만약 에미터 저항 R_3가 측로(bypass)가 되지 않으면 부궤환이 가해진다. 따라서, 베이스-에미터에서 입력신호 전류는 R_3가 측로되지 않을 때보다 더 작아지므로, 에미터 회로에서 부궤환이 있을 때 R_{in}의 값은 더 커지게 된다.

2.2 출력 임피던스의 측정

증폭기의 출력 임피던스 R_{out}(또는 Z_{out})은 [그림 6-1(b)]와 같이 출력 회로에 가변저항 R_O를 추가하여 실험적으로 결정할 수 있다. 측정 절차는 다음과 같다.

(1) 먼저 부하가 없을 때의 출력신호 전압 v_{out}을 측정한다.

(2) [그림 6-1(b)]와 같이 가변저항을 접속하고 새로운 출력신호 전압이 무부하시 출력전압의 1/2 이 되도록 가변저항 R_O를 조정한다.

(3) 회로로부터 가변저항 R_O를 떼어내어 저항계로 그 저항값을 측정한다.

이 저항값이 증폭기의 출력 임피던스 R_{out}이 된다. 에미터 폴로워 회로도 위와 동일한 방법으로 측정할 수 있다. 측정 시에 유의할 점은 입력과 출력신호가 찌그러짐이 없는 상태에서 실시해야 한다는 것이다. 따라서 출력신호 전압을 오실로스코프로 관찰하면서 하는 것이 좋다.

2.3 전력이득의 측정

증폭기의 전력이득 A_p는 다음 식과 같이 정의된다.

$$A_p = \frac{P_{out}}{P_{in}} \qquad (6\text{-}3)$$

입력 및 출력전력은 입력 및 출력신호 전압과 입력 및 출력 임피던스를 알고 있을 경우 다음과 같이 계산될 수 있다.

$$P_{in} = \frac{v_{in}^2}{R_{in}}, \quad P_{out} = \frac{v_{out}^2}{R_{out}} \qquad (6\text{-}4)$$

따라서 전력이득은 다음과 같다.

$$A_p = \frac{P_{out}}{P_{in}} = \left(\frac{v_{out}}{v_{in}}\right)^2 \frac{R_{in}}{R_{out}} \qquad (6\text{-}5)$$

증폭기의 전력이득은 보통 데시벨(dB)로 나타낸다.

$$\text{전력이득} = 10\log\frac{P_{out}}{P_{in}} \qquad (6\text{-}6)$$

2.4 위상차 측정

CE 증폭기의 경우 출력전류는 입력전류와 동위상이지만, 출력전압은 입력전압과 180 °의 위상차를 가진다. 입출력 신호의 전압 위상차는 입력신호 v_{in}과 출력신호 v_{out}을 오실로스코프의 채널1, 채널2에 각각 연결하여 동시에 화면에 표시함으로써 측정할 수 있다.

3. 예비 과제

(1) 에미터공통 증폭기의 특징을 설명하시오.

(2) 콜렉터공통 증폭기의 특징을 설명하시오.

(3) 에미터공통 증폭기에서 입력 임피던스와 출력 임피던스를 측정하는 방법을 설명하시오.

4. 실험 방법

4.1 사용기기 및 부품

기기 : 전원 공급기, 함수 발생기, 디지털 멀티미터, 오실로스코프

부품 : 트랜지스터 - 2SC1815 (npn형, ECB)

저항 - 560Ω, 1kΩ 2개, 3.3kΩ

8.2kΩ, 12kΩ, 18kΩ, 470kΩ

가변저항 - 500Ω, 5kΩ

캐패시터 - 22μF(50V) 2개, 100μF(35V)

4.2 실험 순서

[에미터공통 증폭기]

(1) [그림 6-1(a)]에서 R_x= 1kΩ 저항을 사용하여 회로를 구성하시오. 전원을 넣고 함수 발생기의 출력을 0V로 놓고서 디지털 멀티미터로 각 점의 직류 전압 V_C, V_E, V_B, V_{CE}, V_{BE}를 측정하여 [실험표 6-1]에 기록하시오.

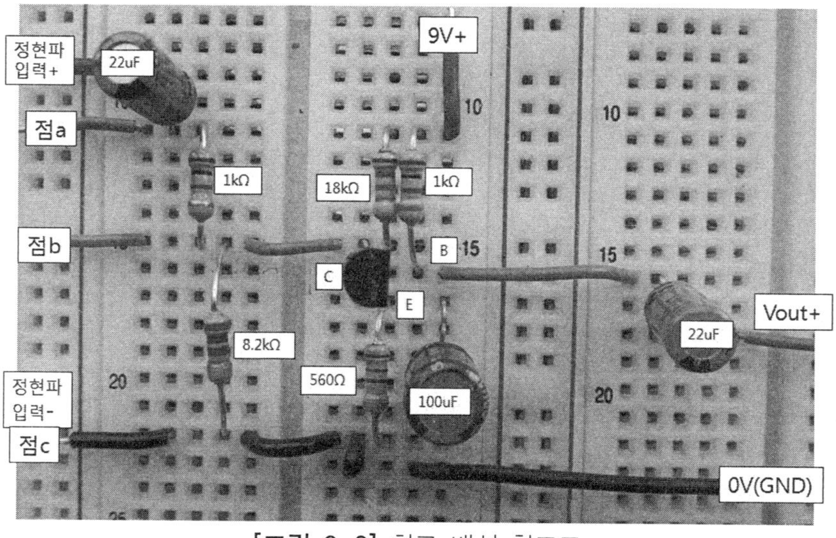

[그림 6-2] 회로 배선 참조도

(2) 함수 발생기의 주파수를 1kHz로 하고, 출력 양단에 연결한 오실로스코프로 관찰하면서 찌그러짐이 없는 최대 출력 v_{out}의 70%가 증폭기 출력에 나타나도록 함수 발생기의 출력크기를 조정하시오. 이를 위해서는 우선 찌그러짐이 없는 증폭기의 최대출력을 측정하여야 한다.

(3) 오실로스코프를 사용하여 점 a와 c 양단의 전압 v_{ac}, 점 b와 c 양단의 전압 v_{bc}, 출력전압 v_{out}의 첨두-첨두 전압값을 측정하여 [실험표 6-2]에 기록하시오.

(4) 측정된 전압 v_{ac}에서 v_{bc}를 빼서 R_x 양단전압 v_x를 계산하고, R_x를 통하여 흐르는 입력신호 전류 i_{in}과 입력 임피던스 R_{in}을 계산하여 [실험표 6-2]에 기록하시오.

(5) 입력신호 레벨을 변화시키지 말고 [그림 6-1(b)]와 같이 가변저항 R_O(5kΩ)를 출력 양단에 연결하시오. 실험순서 (3)에서 측정한 출력신호 전압 v_{out}의 1/2 이 되도록 가변저항 R_O를 조정하시오.

(6) 회로로부터 R_O를 떼어내어 그 저항값을 측정하고 [실험표 6-2]에 기록하시오. 이 저항값이 바로 이 증폭기의 출력 임피던스 R_{out} 이 된다. 단, 증폭기의 출력 임피던스는 고정된 값이 아니고 부하 저항과 트랜지스터 전압에 의존한다.

(7) 부하시 회로의 전압이득과 전력이득(dB)을 계산하여 [실험표 6-2]에 기록하시오.

(8) 입력신호 레벨을 변화시키지 말고, 회로로부터 측로 캐패시터 C_3을 제거하고 실험순서를 (3)~(7)을 반복하시오.

(9) 입력신호 v_{in}과 출력신호 v_{out}의 파형을 동시에 오실로스코프로 관찰하여

[실험표 6-3]에 그리시오.

[콜렉터공통 증폭기]

(1) [그림 6-3]의 회로를 구성하시오(스위치 S_1은 개방). 함수 발생기의 정현파 출력을 0V로 하고, 멀티미터로 각 점의 직류 전압 V_C, V_E, V_B, V_{CE}, V_{BE}를 측정하여 [실험표 6-4]에 기록하시오.

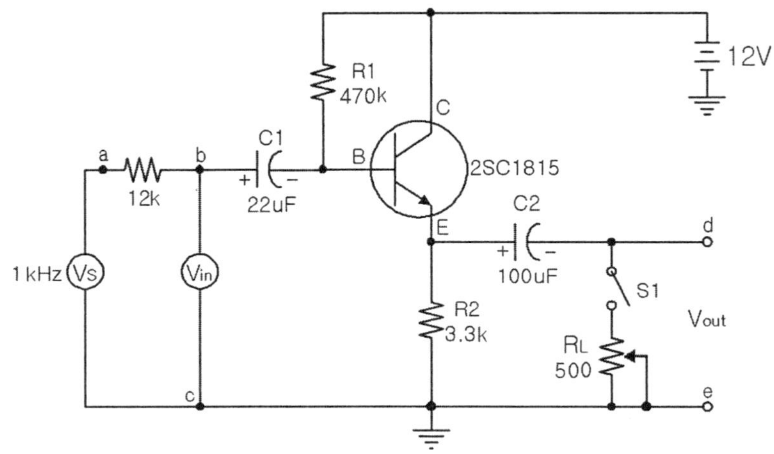

[그림 6-3] 콜렉터공통 증폭기

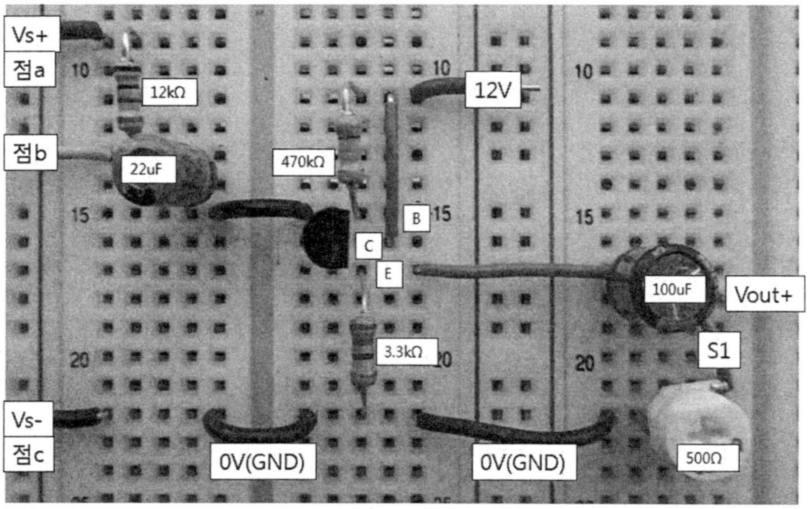

[그림 6-4] 회로 배선 참조도

(2) 출력신호 전압 v_{out}이 200mV의 출력이 나오도록 함수 발생기의 출력 레벨을 조정하시오. 오실로스코프로 v_{in}과 v_{out}을 측정하여 [실험표 6-5], [실험표 6-6]에 기록하시오.

(3) 전압이득 v_{out}/v_{in} 을 계산하여 [실험표 6-5]에 기록하시오.

(4) v_{ac}와 v_{bc}를 측정한 후 v_{ab}와 입력 베이스신호 전류 i_{in}을 계산하여 [실험표 6-5]에 기록하시오.

$$v_{ab} = v_{ac} - v_{bc}\ ,\ i_{in} = v_{ab}/R_{ab} = v_{ab}/12000$$

(5) 입력 임피던스 R_{in}과 입력전력 P_{in}을 계산하여 [실험표 6-5]에 기록하시오.

$$R_{in} = \frac{v_{in}}{i_{in}}, \qquad P_{in} = R_{in} i_{in}^2$$

(6) 입력신호 레벨을 변화시키지 말고 스위치 S1을 닫은 후 실험순서 (2)에서 측정한 출력신호 전압 v_{out}의 1/2 이 되도록 가변저항 $\mathrm{R_L}$을 조정하시오.

(7) 회로로부터 가변저항 $\mathrm{R_L}$을 떼어내어 그 저항값을 측정하고 [실험표 6-5]에 기록하시오. 이 저항값이 바로 이 증폭기의 출력 임피던스 R_{out}이 된다.

(8) 출력 전류 i_{out}과 출력전력 P_{out}을 계산하여 [실험표 6-5]에 기록하시오.

$$P_{out} = \frac{v_{out}^2}{\mathrm{R}_{out}}$$

(9) 다음 공식을 적용하여 전력이득 A_p를 계산하여 기록하시오.

$$A_p = \frac{P_{out}}{P_{in}}$$

5. 실험 결과 및 고찰

(1) [그림 6-1(a)] 회로에서 측로 캐패시터 C_3을 제거하면 이 증폭기의 입력 임피던스에 어떤 영향을 주는지 실험 데이터를 이용하여 설명하시오.

(2) 실험 데이터를 이용하여 CE 증폭기와 CC 증폭기의 입력 및 출력신호 사이의 위상관계를 비교 설명하시오.

(3) 실험 데이터를 이용하여 CE 증폭기와 CC 증폭기의 전압이득 및 전력이득에 대해 비교 설명하시오.

(4) 실험 데이터를 이용하여 CE 증폭기와 CC 증폭기의 입력 임피던스 및 출력 임피던스에 대해 비교 설명하시오.

실험 6 실험 결과 보고서

실험일자	20 년 월 일	학 과	공학과	학 년	
학 번		이 름		실험조	
등 급				확인	

실험제목 : 에미터 및 콜렉터 공통 증폭기 : 임피던스, 전력 및 위상

1. 에미터 공통 증폭기

(1) 실험 순서 (1)에 따라 다음 각 항의 해당란에 실험 결과를 기록하시오.

[실험표 6-1]

직류 전압						
실험순서	V_{CC}	V_C	V_E	V_B	V_{CE}	V_{BE}
(1)	9V					

(2) 실험 순서 (2)~(8)에 따라 다음 각 항의 해당란에 실험 결과를 기록하시오. (☞ 오실로스코프로 전압 측정시 커플링을 교류로 설정한다.)

[실험표 6-2]

실험순서	V_{pp}				
	v_{ac}	v_{bc} (v_{in})	v_{out}	v_x 계산 $(v_{ac}-v_{bc})$	i_{in} 계산 $v_x/R_x = v_x/1000$
(2)~(7)					
(8)					

실험순서	R_{in}계산 v_{in}/R_{in}	R_{out}	P_{in} 계산 $R_{in} i_{in}^2$	P_{out} 계산 v_{out}^2/R_{ou}	이득(계산)	
					전압이득 $\frac{v_{out}}{v_{in}}$	전력(dB)이득 $10\log\frac{P_{out}}{P_{in}}$
(2)~(7)						
(8)						

(3) 실험 순서 (9)에 따라 다음 각 항의 해당란에 실험 결과를 기록하시오.

[실험표 6-3]

	실험순서 (9)
입력 파형	
출력 파형	

2. 콜렉터 공통 증폭기

(1) 실험 순서 (1)에 따라 다음 각 항의 해당란에 실험 결과를 기록하시오.

[실험표 6-4]

직류 전압(V)					
실험순서	V_C	V_B	V_E	V_{BE}	V_{CE}
(1)					

(2) 실험 순서 (2)~(9)에 따라 다음 각 항의 해당란에 실험 결과를 기록하시오.

[실험표 6-5]

v_{in}	v_{out}	전압이득 계산 v_{out}/v_{in}	v_{ac}	v_{bc}	v_{ab} 계산 $v_{ac}-v_{bc}$	i_{in} 계산 v_{ab}/R_{ab}	

R_{in} 계산 v_{in}/i_{in}	R_{out}	P_{in} 계산 $R_{in}i_{in}^2$	P_{out} 계산 v_{out}^2/R_{out}	전력이득 계산

[실험표 6-6]

	실험순서 (10)
입력 파형	
출력 파형	

3. 실험 결과 및 고찰

(1) [그림 6-1(a)] 회로에서 측로 캐패시터 C_3을 제거하면 이 증폭기의 입력 임피던스에 어떤 영향을 주는지 실험 데이터를 이용하여 설명하시오.

(2) 실험 데이터를 이용하여 CE 증폭기와 CC 증폭기의 입력 및 출력신호 사이의 위상관계를 비교 설명하시오.

(3) 실험 데이터를 이용하여 CE 증폭기와 CC 증폭기의 전압이득 및 전력이득에 대해 비교 설명하시오.

(4) 실험 데이터를 이용하여 CE 증폭기와 CC 증폭기의 입력 임피던스 및 출력 임피던스에 대해 비교 설명하시오.

실험 07 JFET의 특성

1. 실험 목적

JFET(junction field effect transistor)의 구조와 동작원리 및 전달특성을 이해한다.

2. 기본 이론

FET(field effect transistor)는 증폭기, 발진기, 스위치 등의 회로에 널리 사용되는 전계효과를 이용한 트랜지스터이다. FET에는 접합형 FET(JFET : junction FET)와 금속 산화물반도체형 FET (MOSFET : metal oxide semiconductor FET) 두 종류가 있다. JFET는 BJT 연산증폭기의 입력단 회로, 증폭기, 스위치 등에 사용되는 가장 간단한 FET이고, MOSFET는 증폭기 뿐 만 아니라 디지털 회로에서 광범위하게 사용되는 FET이다.

JFET는 3단자(terminal) 소자로 이들은 각각 소스(source), 게이트(gate), 드레인(drain)이라 불리며, 사용하는 반도체형에 따라 p채널 JFET와 n채널 JFET로 구분된다. JEFT는 전류흐름을 일으키는 전류 캐리어(carrier)가 전자(electron) 또는 정공(hole) 중 하나인 단극성(unipolar) 소자로 n채널 JFET에서는 전류 캐리어가 전자(electron)이고, p채널 JFET에서는 정공(hole)이다.

p채널/n채널 JFET는 p형/n형 반도체 양끝에 각각 소스와 드레인 단자를 옴성 접촉(ohmic contact)으로 연결하고, 측면에는 p형/n형 반도체를 접합시켜 게이트 단자를 구성한다. 반도체 접합부분에는 전계(electric field)가 형성되며, 내부구조와 회로기호는 [그림 7-1]과 같다.

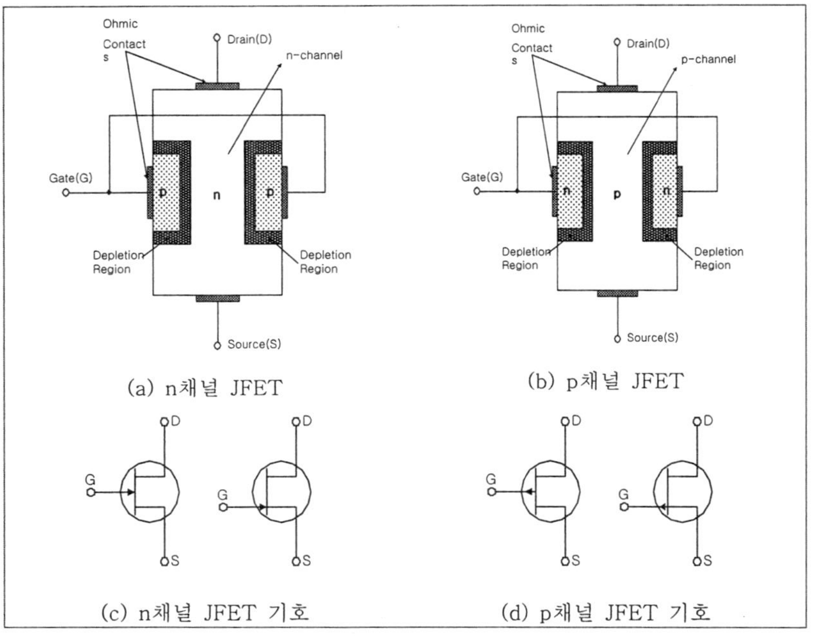

[그림 7-1] n채널 / p채널 JFET 내부구조 및 회로기호

[그림 7-2]는 JFET의 동작을 설명하기 위한 n채널 JFET 회로이다. 그림과 같은 회로에서 n채널 반도체의 전자는 전원의 (+)극으로 이동하고, 소스를 통해 드레인을 떠난 전자를 대신 채우기 위해 전원의 (-)극으로부터 전자가 채널 내로 주입되면서 회로에 전류가 흐르게 된다. 이 전류의 제한범위는 V_{DD}에 따른다. 드레인 전류를 제어하기 위하여 게이트를 부착하고, 소스에 대해서 역바이어스 전압을 인가한다. 바이어스를 인가하지 않더라도 게이트의 pn접합으로 인한 공핍영역이 생겨 물리적으로 채널의 폭이 다소 좁아진다. 게이트에 역바이어스 전압을 인가함으로써 접합부분에 형성된 전계에 의한 공핍영역이 커지고, 그 결

과로 채널폭이 줄어들게 되어 전류의 흐름을 제어하게 된다. 역바이어스 전압이 충분히 크다면 채널이 없어지고 드레인 전류가 더 이상 흐르지 않게 된다. 한편, 게이트 접합은 역바이어스 되어 게이트 전류가 흐르게 되므로, 드레인 전류는 게이트 전류가 아닌 게이트의 역바이어스 전압 변화에 따르게 된다.

JFET는 전류제어형 소자인 BJT와 달리 전압제어형 소자이며, 드레인(drain) 전류 I_D는 게이트(gate) 전압 V_{GS}의 함수로 다음과 같은 Schokely 식으로 정의된다.

$$I_D = I_{DSS}\left(1 - \frac{V_{GS}}{V_P}\right)^2 \qquad (7\text{-}1)$$

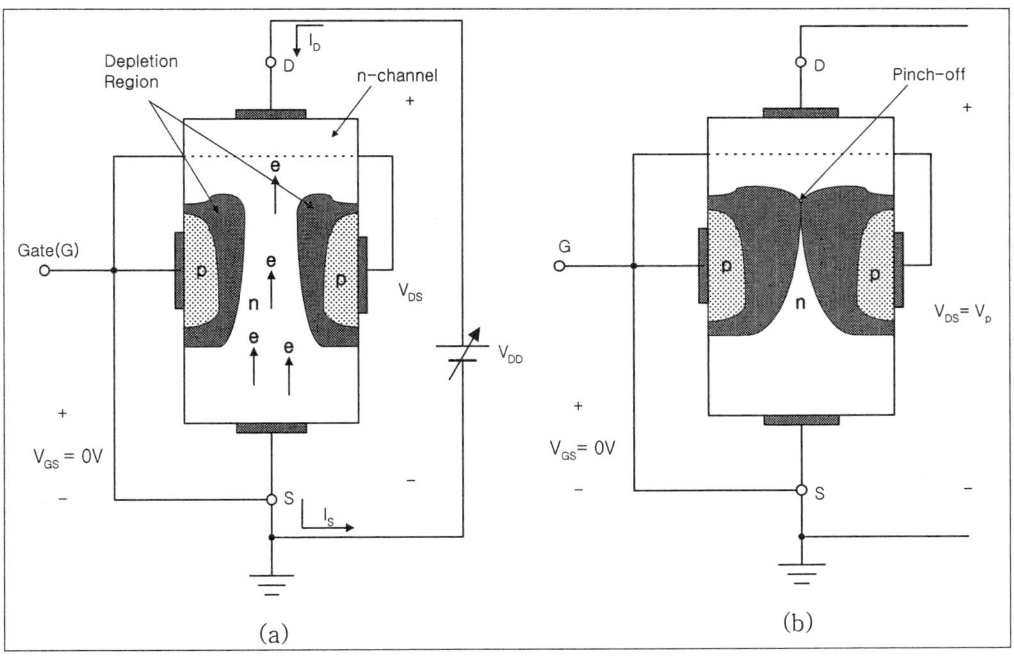

[그림 7-2] n채널 JFET 동작원리

I_{DSS}는 드레인-소스 사이의 포화전류(saturation current)이고, V_{GS} = 0인 조건에서 V_{DS} 가 증가하면 두 개의 pn접합(드레인-게이트, 게이트-소스)에 전류 캐리어가 고갈되는 공핍(depletion) 영역이 커져 드레인 쪽 채널영역이 막히게 되는 핀치오프(pinch-off)가 발생하며, 이 때의 전압을 핀치오프 전압(pinch-off voltage)이라고 하고 V_P로 표시한다. I_D 는 매우 작은 채널영역에 매우 높은 밀도로 흐르는 전류이며, 이때의 드레인 전류가 I_{DSS}이며, V_{DS}는 V_P가 된다. 따라서 입력과 출력의 전달특성은 콘덕턴스 형태로 표시할 수 있으며, 전달 콘덕턴스(transfer conductance) g_m은 식(7-2)와 같이 정의된다. 전달특성곡선은 [그림 7-3]과 같다.

$$g_m = \frac{\Delta I_D}{\Delta V_{GS}}, \quad V_{DS} = \text{constant} \qquad (7\text{-}2)$$

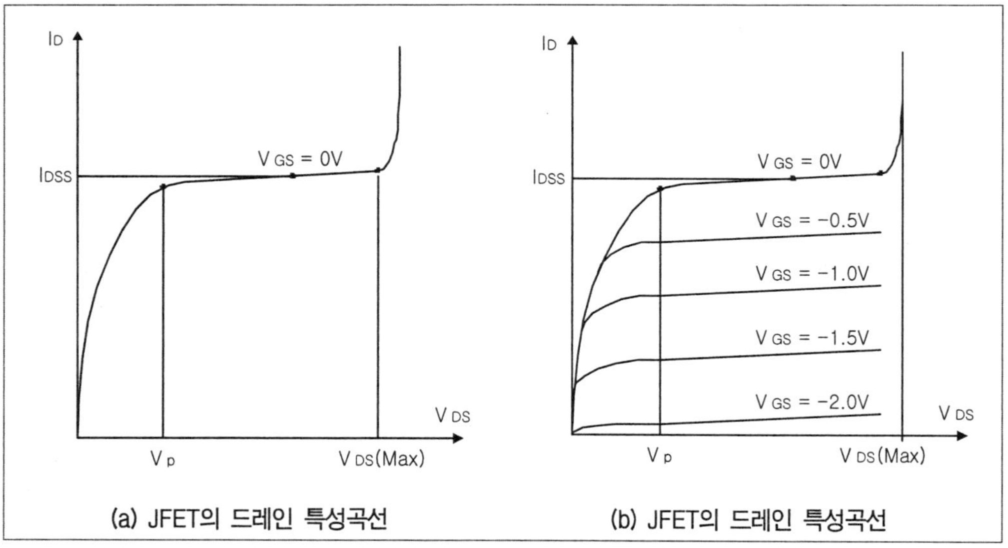

[그림 7-3] n-채널 JFET 전달특성곡선

3. 예비 과제

(1) JFET의 구조와 동작원리에 대해 설명하시오.

(2) JFET와 BJT를 동작측면에서 비교하시오.

4. 실험 방법

4.1 사용기기 및 부품

기기 : 전원 공급기, 디지털 멀티미터

부품 : 저항 - 270Ω

JFET - 2N5485(n-채널 JFET, DSG)

4.2 실험 순서

[JFET의 단자확인]

(1) n채널 JFET의 단자간 저항을 측정하여 [실험표 7-1]에 기록하시오. 디지털 멀티미터의 (+)단자를 게이트에 연결하고 (-)단자를 소스에 연결하여 R_{GS}를 측정하고, (-)단자를 드레인에 연결하여 R_{GD}를 측정한다.

(2) 디지털 멀티미터의 단자를 바꾸어서 R_{DG}, R_{SG} 값을 각각 측정한다.

(3) 드레인과 소스간의 저항값 R_{DS}, R_{SD}를 위와 같은 방법으로 각각 측정한다.

[포화전류 및 핀치오프 전압]

(1) [그림 7-4]와 같은 회로 ($V_{GS}=0$)를 구성하시오.

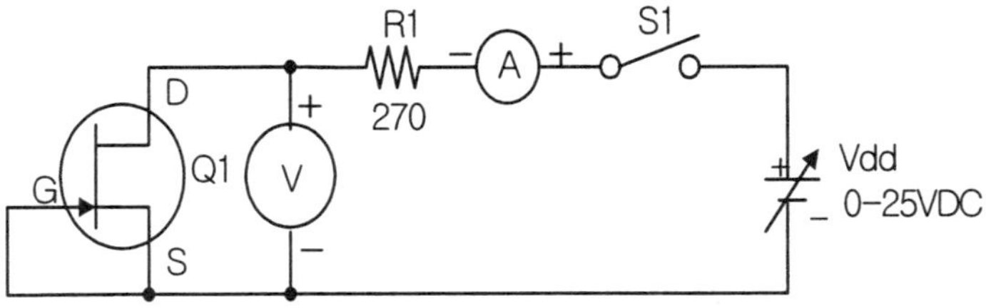

[그림 7-4] JFET 특성 실험회로
(V : 디지털 멀티미터 전압 측정, A : 디지털 멀티미터 전류 측정)

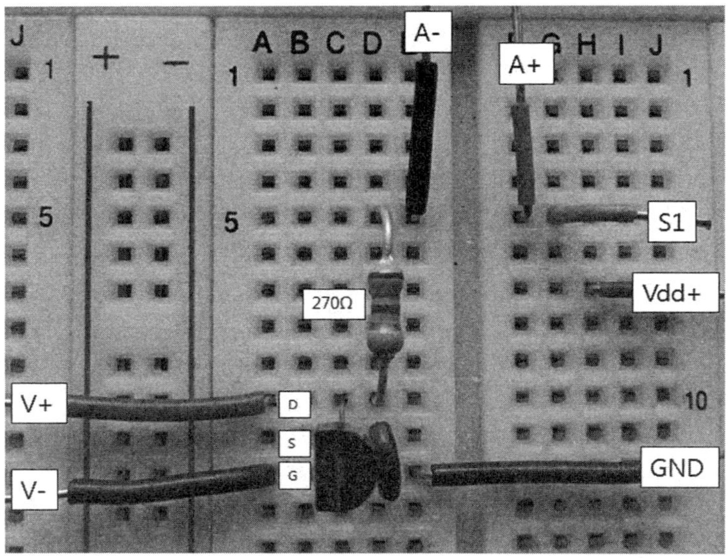

[그림 7-5] 회로 배선 참조도

(2) V_{dd}를 켜고 스위치 S_1을 닫은 후, V_{DS} 값을 [실험표 7-2]와 같이 변화시키면서, 그때의 드레인 전류 I_D의 전류값을 측정하시오.

(3) 전류계를 관찰하면서 V_{dd} 전압을 서서히 증가시키시오. 드레인 전류가 완만하게 증가하여, 핀치오프 전압을 지나면 그 값이 거의 일정하게 유지된다. 드레인 전류값이 일정하게 되는 순간의V_{DS} 값(핀치오프전압 V_P)을 측정하여 [실험표 7-2]에 기록하시오.

[전달특성]

(1) [그림 7-6]과 같은 회로를 구성하시오.

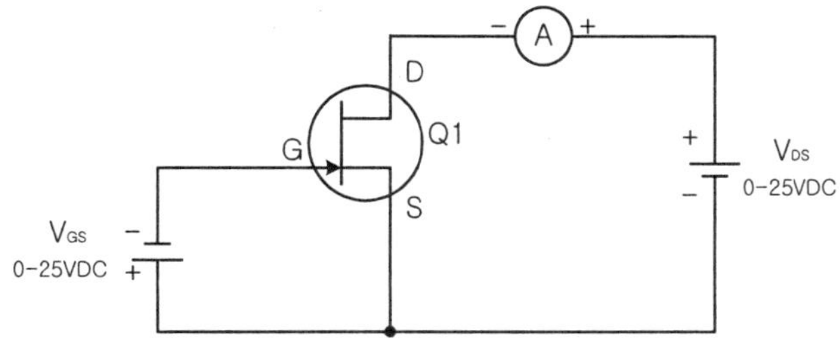

[그림 7-6] JFET 전달특성 실험회로

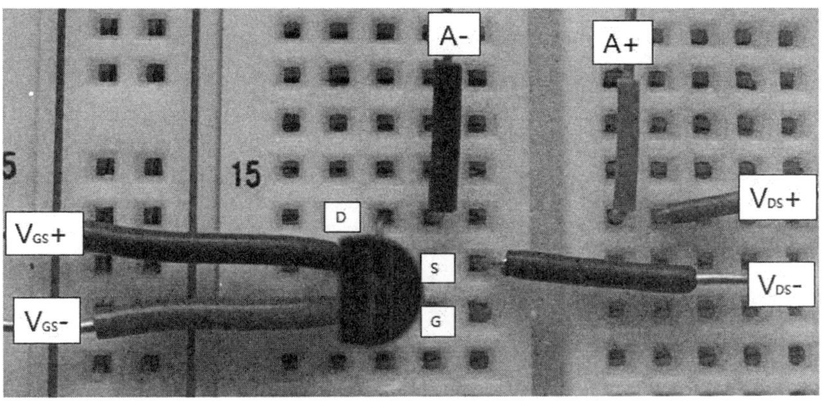

[그림 7-7] 회로 배선 참조도

(2) V_{GS}와 V_{DS}를 [실험표 7-3]과 같이 변화시키면서 드레인 전류값을 측정하여 기록하시오.

5. 실험 결과 및 고찰

(1) [실험표 7-2]의 데이터를 이용하여 [그림 7-3(a)]와 같은 특성곡선을 그리시오.

(2) [실험표 7-3]의 데이터를 이용하여 [그림 7-3(b)]와 같은 특성곡선을 그리시오.

N-Channel JFET High Frequency Amplifier

2N5484 – 2N5486

FEATURES

- **Up to 400MHz Operation**
- **Economy Packaging**
- **C_{rss} <1.0pF**

PIN CONFIGURATION

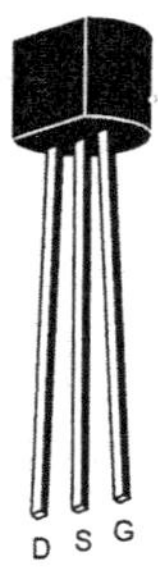

5000

ABSOLUTE MAXIMUM RATINGS

(T_A = 25°C unless otherwise specified)

Drain-Gate Voltage 25V
Source Gate Voltage 25V
Drain Current 30mA
Forward Gate Current 10mA
Storage Temperature Range .... -65°C to +150°C
Operating Temperature Range .... -55°C to +135°C
Lead Temperature (Soldering, 10sec) .... +300°C
Power Dissipation 310mW
Derate above 25°C .... 2.82mW/°C

NOTE: Stresses above those listed under "Absolute Maximum Ratings" may cause permanent damage to the device. These are stress ratings only and functional operation of the device at these or any other conditions above those indicated in the operational sections of the specifications is not implied. Exposure to absolute maximum rating conditions for extended periods may affect device reliability.

ORDERING INFORMATION

Part	Package	Temperature Range
2N5484-86	Plastic TO-92	-55°C to +135°C
X2N5484-86	Sorted chips in Carriers	-55°C to +135°C

ELECTRICAL CHARACTERISTICS (T_A = 25°C unless otherwise specified)

SYMBOL	PARAMETER	2N5484		2N5485		2N5486		UNITS	TEST CONDITIONS	
		MIN	MAX	MIN	MAX	MIN	MAX			
I_{GSS}	Gate Reverse Current		-1.0		-1.0		-1.0	nA	V_{GS} = -20V, V_{DS} = 0	
			-200		-200		-200			T_A = 100°C
BV_{GSS}	Gate-Source Breakdown Voltage	-25		-25		-25		V	I_G = -1μA, V_{DS} = 0	
$V_{GS(off)}$	Gate-Source Cutoff Voltage	-0.3	-3.0	-0.5	-4.0	-2.0	-6.0		V_{DS} = 15V, I_D = 10nA	
I_{DSS}	Saturation Drain Current	1.0	5.0	4.0	10	8.0	20	mA	V_{DS} = 15V, V_{GS} = 0 (Note 1)	
g_{fs}	Common-Source Forward Transconductance	3000	6000	3500	7000	4000	8000	μS	V_{DS} = 15V, V_{GS} = 0	f = 1kHz
g_{os}	Common-Source Output Conductance		50		60		75			
$Re_{(yfs)}$	Common-Source Forward Transconductance (Note 2)	2500								f = 100MHz
				3000		3500				f = 400MHz
$Re_{(yos)}$	Common-Source Output Conductance (Note 2)		75							f = 100MHz
					100		100			f = 400MHz
$Re_{(yis)}$	Common-Source Input Conductance (Note 2)		100							f = 100MHz
					1000		1000			f = 400MHz
C_{iss}	Common-Source Input Capacitance (Note 2)		5.0		5.0		5.0	pF		f = 1MHz
C_{rss}	Common-Source Reverse Transfer Capacitance (Note 2)		1.0		1.0		1.0			
C_{oss}	Common-Source Output Capacitance (Note 2)		2.0		2.0		2.0			

N-Channel RF Amplifier
(continued)

Typical Characteristics

Transfer Characteristics

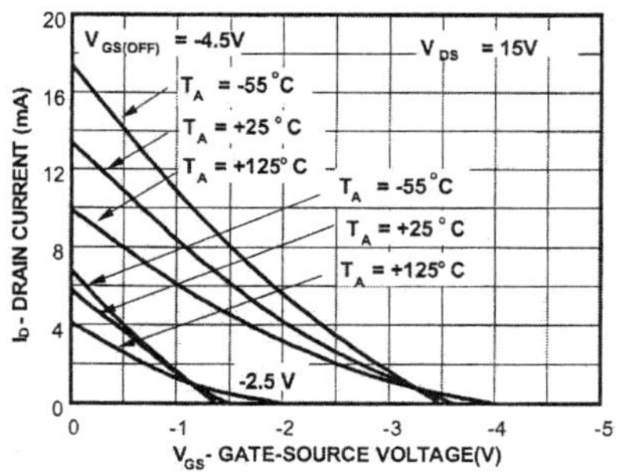

Channel Resistance vs Temperature

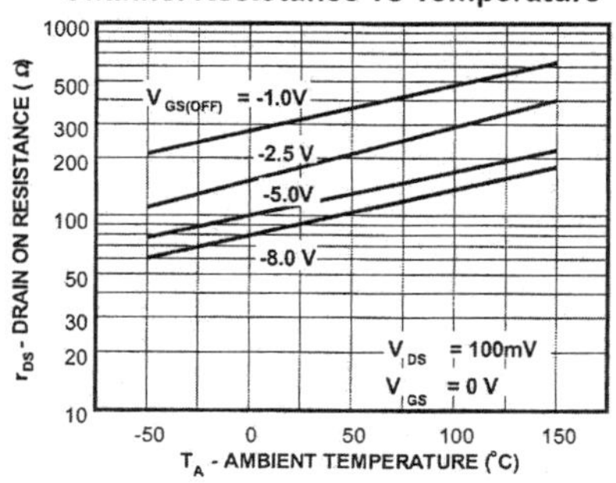

Transconductance Characteristics

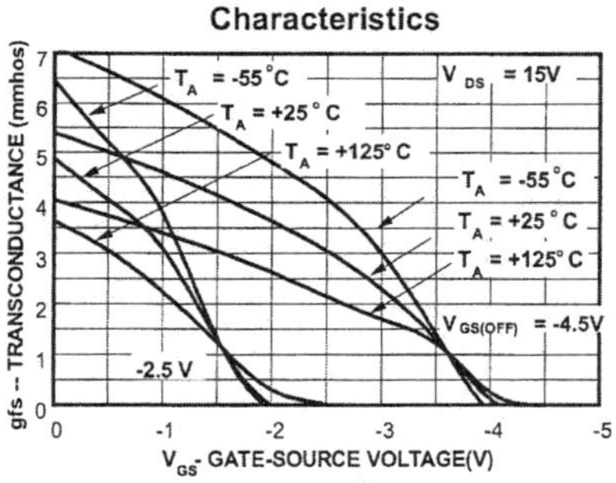

Common Drain-Source Characteristics

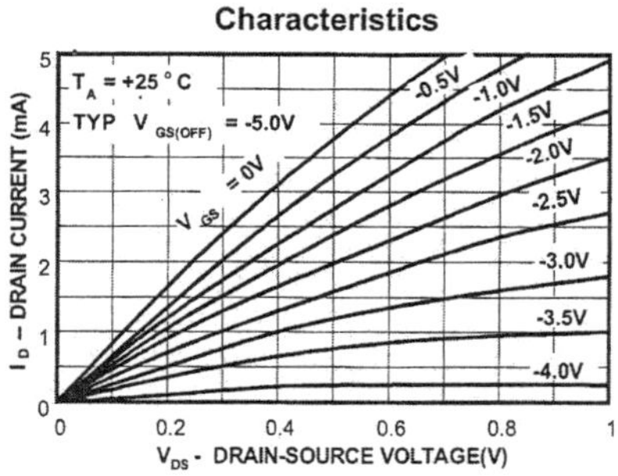

Output Conductance vs Drain Current

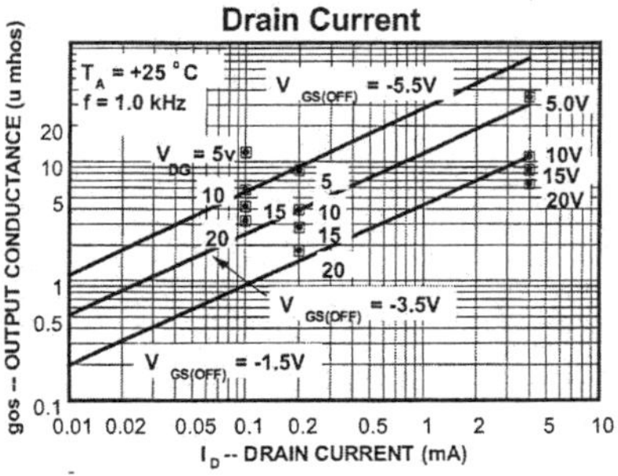

Transconductance Parameter Interactions

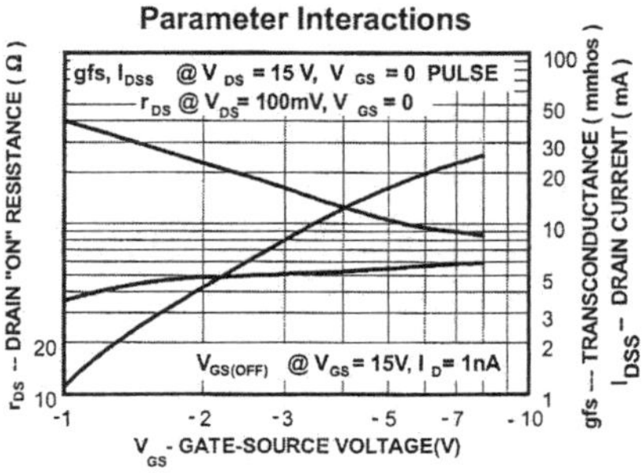

Memo

실험 7 실험 결과 보고서

실험일자	20 년 월 일	학 과	공학과	학 년	
학 번		이 름		실험조	
등 급				확인	

실험제목 : JEFT의 특성

1. 실험순서에 따라 다음 각 항의 해당란에 실험결과를 기록하시오.

[실험표 7-1] 단자 저항 측정표

R_{GS}	R_{GD}	R_{DG}	R_{SG}	R_{DS}	R_{SD}

2. 실험순서에 따라 다음 각 항의 해당란에 실험결과를 기록하시오.

[실험표 7-2] V_{DS} , I_D 측정표($V_{GS} = 0\,V$)

V_{DS}(V)	0.25	0.5	0.75	1	2	3	5	7	9	11	13	15
I_D(mA)												

핀치오프전압 $V_P =$ ____________

[실험표 7-3] V_{GS}, V_{DS}, I_D (mA) 측정표

V_{GS} / V_{DS}	0	-0.5	-1.0	-1.5
0.1				
0.3				
0.5				
0.7				
1				
2				
3				
5				
7				
10				
12				
15				

3. 실험고찰

(1) [실험표 7-2]의 데이터를 이용하여 [그림 7-3(a)]와 같은 특성곡선을 그리시오.

(2) [실험표 7-3]의 데이터를 이용하여 [그림 7-3(b)]와 같은 특성곡선을 그리시오.

Memo

실험 08

MOSFET의 특성

1. 실험 목적

MOSFET의 구조와 동작원리 및 전달특성을 이해한다.

2. 기본 이론

MOSFET(metal-oxide-semiconductor FET)는 JFET와 같이 소스(gate), 게이트(gate), 드레인(drain) 단자로 구성된 3단자 소자이며, 디지털 회로에 광범위하게 사용되고 있다. MOSFET는 전류 캐리어가 전자(electron) 또는 정공(hole)이냐에 따라 n채널 MOSFET 또는 p채널 MOSFET으로 구분되고, 게이트 전압 소스와 드레인 사이에 채널이 형성되면 공핍형(depletion), 형성이 되지 않으면 증가형(enhancement)으로 분류된다.

n채널 MOSFET는 [그림 8-1(a), (c)]와 같이 p형 반도체(기판: substrate) 위에 절연층인 산화물(SiO_2) 층을 두고, 그 위에 금속으로 된 게이트 금속단자를 형성한다. 드레인과 소스는 게이트의 양쪽에 n형 반도체를 위치시켜 형성한다. [그림 8-1(c)] n채널 증가형 MOSFET의 경우 소스에 대한 게이트 전압이 0V일 때 채널이 형성되어 있지 않아 드레인과 소스간이 개방되어 드레인 전류가 흐르지 않는다. 게이트 단자 전압 V_{GS}를 증가시키면 게이트 단자 아래의 p형 반도체내의 정공들은 밀려나고 전자들이 모여들어 드레인과 소스 사이에 n형 채널이

형성됨으로써 이 채널을 통하여 전류가 흐르게 된다. 이와 같이 드레인과 소스 사이에 채널이 형성되면 V_{GS}가 증가할수록 더 많은 I_{DS}가 흐르게 된다. 한편, 채널이 생겨 I_{DS}가 흐르기 시작하는 순간의 V_{GS} 값을 문턱전압(threshold voltage, V_T)이라 한다. 게이트와 채널 사이는 절연층으로 막혀있기 때문에 입력 단자인 게이트에 전류가 흐르지 않게 되어 입력 임피던스가 매우 높은 특성을 갖는다.

[그림 8-1]과 [그림 8-2]는 각각 n채널/p채널 공핍형/증가형 MOSFET의 구조와 회로기호를 나타내며, [그림 8-3]은 n채널 증가형/공핍형 MOSFET의 특성곡선을 보여준다.

공핍형 MOSFET는 V_{GS}=0V에서 채널이 형성되어 드레인 전류가 흐를 수 있기 때문에 n채널인 경우 문턱전압은 (-)전압이 된다.

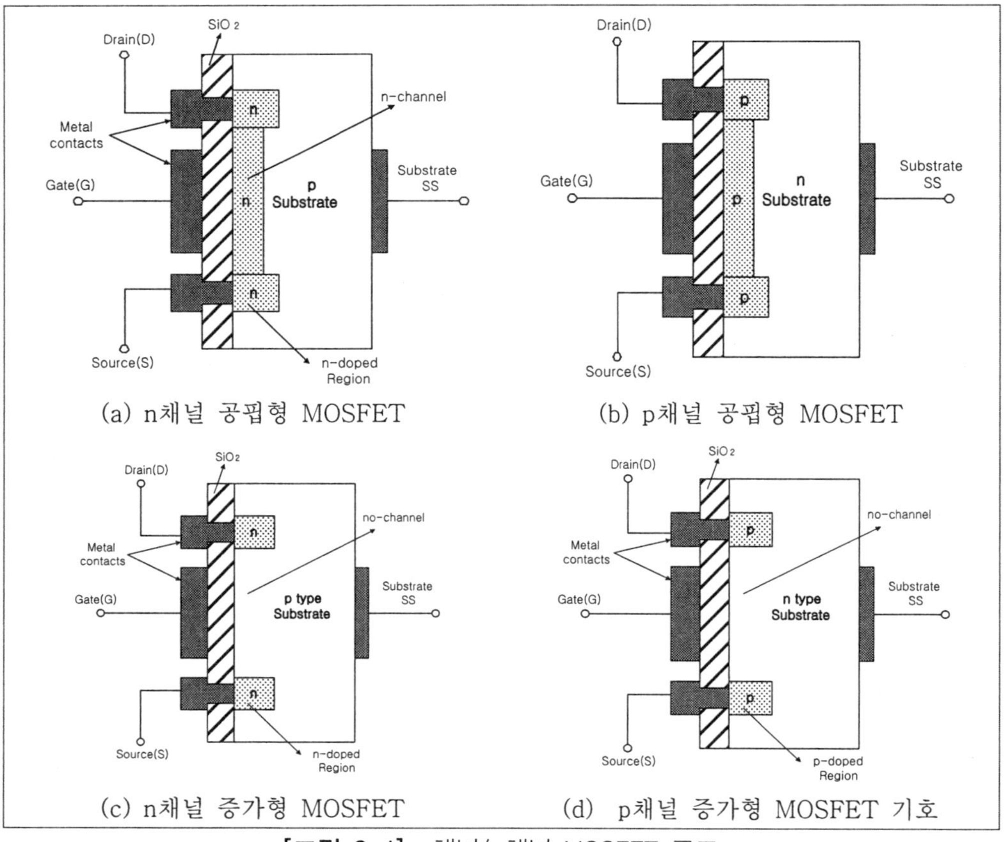

[그림 8-1] n채널/p채널 MOSFET 구조

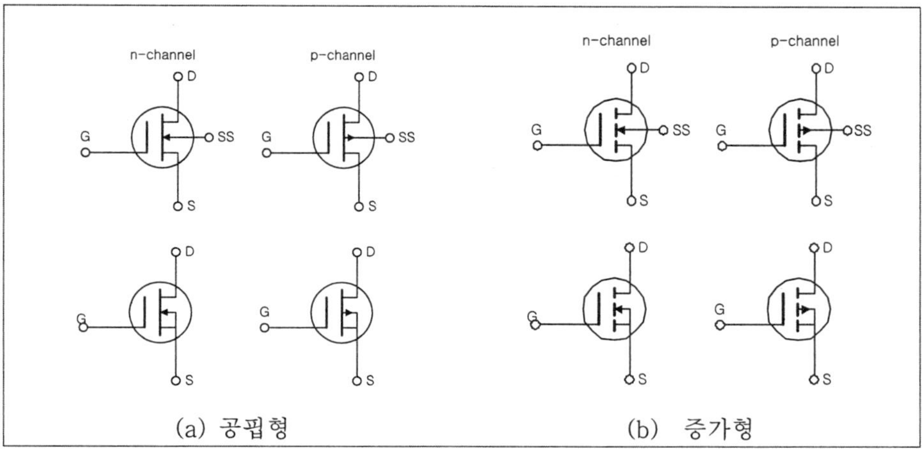

[그림 8-2] n채널/p채널 MOSFET 회로기호

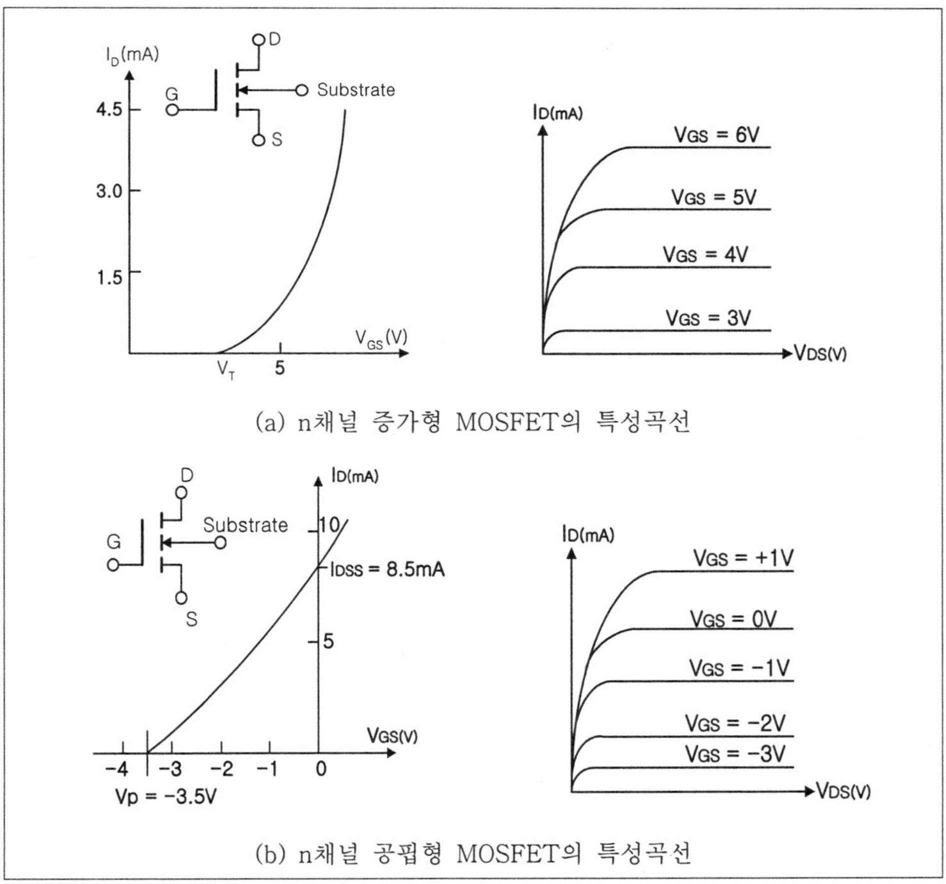

[그림 8-3] n채널 증가형/공핍형 MOSFET의 특성곡선

3. 예비 과제

(1) MOSFET의 구조와 동작원리에 대해 설명하시오.

(2) JFET와 MOSFET의 차이점을 설명하시오.

4. 실험 방법

4.1 사용기기 및 부품

기기 : 전원 공급기, 디지털 멀티미터

부품 : MOSFET - 2SK669(n채널 증가형 Silicon MOSFET, DSG)

4.2 실험 순서

[전달특성]

(1) [그림 8-4]의 회로를 구성하시오.

(2) 전압공급기의 전압을 조절하여 V_{GS}, V_{DS} 전압을 [실험표 8-1]과 같이 공급될 수 있게 하고, 그때의 드레인 전류를 측정하여 표를 완성하시오.

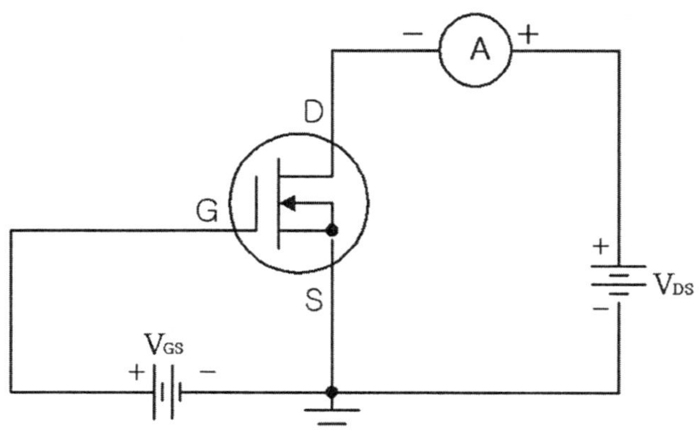

[그림 8-4] n채널 증가형 MOSFET 전달특성 실험회로

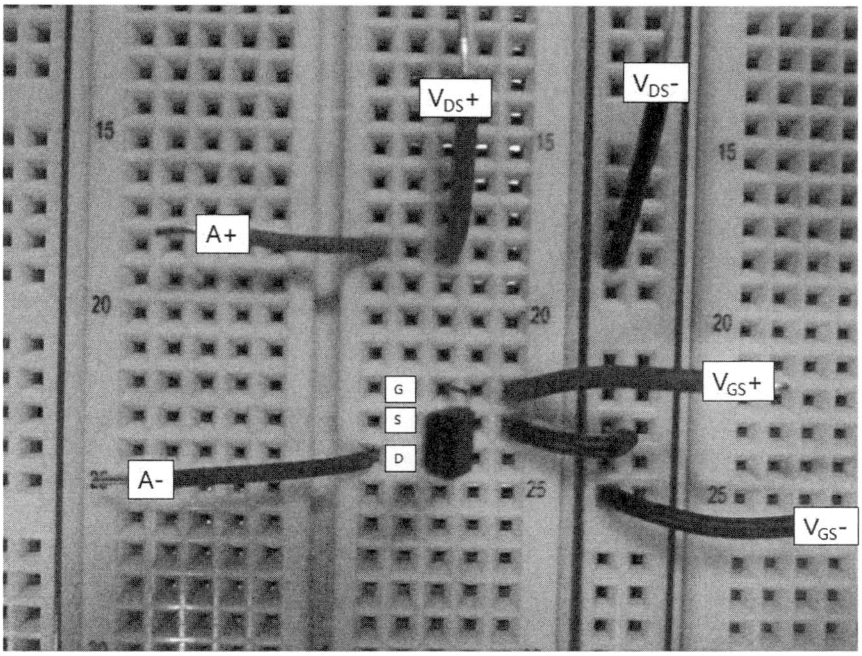

[그림 8-5] 회로 배선 참조도

5. 실험 결과 및 고찰

(1) [실험표 8-1]의 실험 데이터를 이용하여 V_{DSS}=10V인 경우에 대한 V_{GS} 대 I_D의 의 특성곡선을 그리시오.([그림 8-3(a)] 참조)

(2) [실험표 8-1]의 실험 데이터를 이용하여 V_{GS}에 따른 V_{DS} 대 I_D의 특성곡선을 그리시오.([그림 8-3(a)] 참조)

No.2563C

2SK669

N-Channel Enhancement MOS Silicon FET

Very High-Speed Switch, Analog Switch Applications

Applications

- Analog switches, low-pass filters, very high-speed switches

Features

- Large $|y_{fs}|$
- Enhancement type
- Small ON resistance

Absolute Maximum Ratings at Ta = 25°C

			unit
Drain to Source Voltage	V_{DS}	50	V
Gate to Source Voltage	V_{GS}	±12	V
Drain Current	I_D	100	mA
Drain Current (Pulse)	I_{DP}	300	mA
Allowable Power Dissipation	P_D	200	mW
Channel Temperature	Tch	125	°C
Storage Temperature	Tstg	−55 to +125	°C

Electrical Characteristics at Ta = 25°C

			min	typ	max	unit
Drain to Source Breakdown Voltage	$V_{(BR)DS}$	I_D=10μA,V_{GS}=0	50			V
Gate Cutoff Current	I_{GSS}	V_{GS}=10V,V_{DS}=0		0.01	10	nA
Cutoff Voltage	$V_{GS(off)}$	V_{DS}=10V,I_D=100μA	0.3	0.9	1.5	V
Drain Current	I_{DSS}	V_{DS}=20V,V_{GS}=0V			1.0	μA
Forward Transfer Admittance	$\|y_{fs}\|$	V_{DS}=10V,I_D=50mA,f=1kHz	25	40		mS
Input Capacitance	c_{iss}	V_{DS}=10V,V_{GS}=0,f=1MHz		15		pF
Output Capacitance	c_{oss}	V_{DS}=10V,V_{GS}=0,f=1MHz		6		pF
Reverse Transfer Capacitance	c_{rss}	V_{DS}=10V,V_{GS}=0,f=1MHz		0.5		pF
ON Resistance	$R_{DS(on)}$	V_{DS}=10V,I_D=10mA		20		Ω

Package Dimensions 2040
(unit: mm)

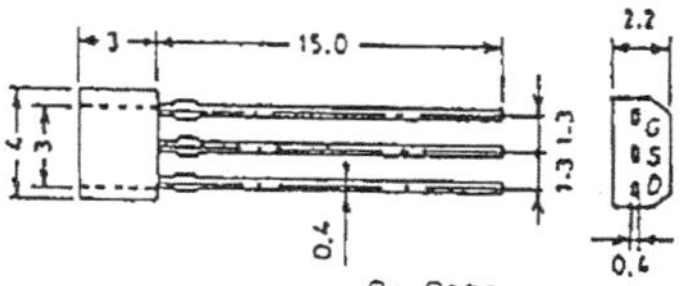

G: Gate
S: Source
D: Drain

SANYO: SPA

2SK669

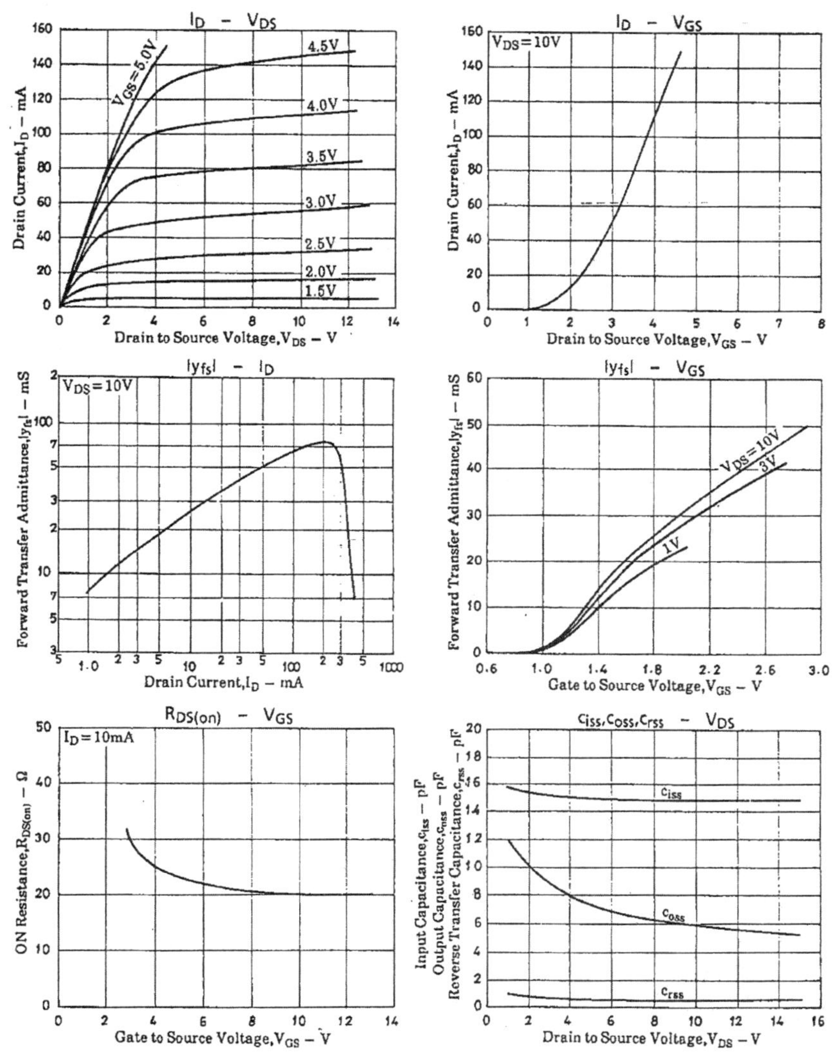

I_D – V_{DS}
V_{GS}=5.0V
4.5V
4.0V
3.5V
3.0V
2.5V
2.0V
1.5V
Drain Current, I_D – mA
Drain to Source Voltage, V_{DS} – V
I_D – V_{GS}
V_{DS}=10V
Drain Current, I_D – mA
Drain to Source Voltage, V_{GS} – V
|y_{fs}| – I_D
V_{DS}=10V
Forward Transfer Admittance, |y_{fs}| – mS
Drain Current, I_D – mA
|y_{fs}| – V_{GS}
V_{DS}=10V
3V
1V
Forward Transfer Admittance, |y_{fs}| – mS
Gate to Source Voltage, V_{GS} – V
$R_{DS(on)}$ – V_{GS}
I_D=10mA
ON Resistance, $R_{DS(on)}$ – Ω
Gate to Source Voltage, V_{GS} – V
C_{iss}, C_{oss}, C_{rss} – V_{DS}
C_{iss}
C_{oss}
C_{rss}
Input Capacitance, c_{iss} – pF
Output Capacitance, c_{oss} – pF
Reverse Transfer Capacitance, c_{rss} – pF
Drain to Source Voltage, V_{DS} – V

Memo

실험 8 실험 결과 보고서

실험일자	20 년 월 일	학 과	공학과	학 년	
학 번		이 름		실험조	
등 급				확인	

실험제목 : MOSFET 특성

1. 실험순서에 따라 다음 각 항의 해당란에 실험결과를 기록하시오.

[실험표 8-1] V_{GS}, V_{DS}, I_D (mA) 측정표

V_{DS} \ V_{GS}	0V	1V	2V	3V	4V	5V	6V	8V	10V
0.0V									
0.5V									
0.7V									
0.8V									
0.9V									
1.0V									
1.2V									
1.5V									
2.0V									
2.5V									
3.0V									
3.5V									
4.0V									

3. 실험고찰

(1) [실험표 8-1]의 실험 데이터를 이용하여 V_{DSS}=10V인 경우에 대한 V_{GS} 대 I_D의 의 특성곡선을 그리시오.([그림 8-3(a)] 참조)

(2) [실험표 8-1]의 실험 데이터를 이용하여 V_{GS}에 따른 V_{DS} 대 I_D의 특성곡선을 그리시오.([그림 8-3(a)] 참조)

실험 09 FET를 사용한 증폭기 회로

1. 실험 목적

FET 증폭기의 바이어스 방법과 동작원리를 이해한다.

2. 기본 이론

FET를 사용한 증폭기회로의 구성방법은 BJT(bipolar junction transistor)와 마찬가지로 공통소스, 공통게이트, 공통드레인 3가지 방법이 있다. 그 중 공통소스 방법은 입력 임피던스가 높고, 전압이득이 크기 때문에 가장 많이 사용된다. FET 증폭기는 BJT와 비교해서 입력 임피던스가 매우 높은 특징을 갖는다.

FET를 증폭기로 사용할 때는 증폭된 출력신호의 왜곡(distortion)이 최소화되도록 입력신호가 FET 특성곡선의 선형영역에서 동작할 수 있는 적절한 직류 전압을 인가해 주어야 한다. BJT 증폭기와 마찬가지로, 이러한 작업을 바이어싱(biasing) 이라고 하고, 특성곡선 상에서 직류 전압에 의해 결정되는 동작점을 직류 바이어스 점(DC bias point), 직류 동작점(DC operating point) 또는 Q-점(quiescent point)이라고 한다. [그림 9-1]은 특성곡선, 입력신호(v_{GS}), 출력신호(i_D) 파형과 Q-점의 예를 보여주고 있다.

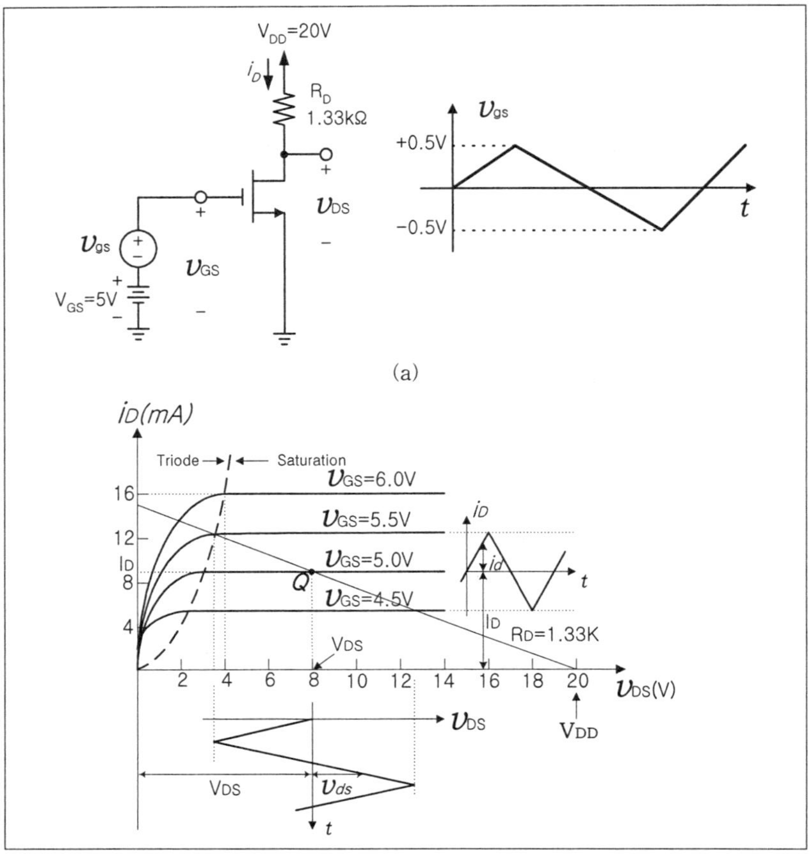

[그림 9-1] FET의 특성곡선

(입력신호 v_{GS}, 출력신호 i_D 파형과 Q-점의 예)

대표적인 바이어스 방법에는 전압분배 바이어스(voltage-divider bias), 자기 바이어스(self bias), 전원 바이어스(source bias) 등 3가지가 있다.

전압분배 바이어스는 [그림 9-2]와 같이 두 개의 저항을 사용하여 V_{DD} 전압을 분배해서 게이트에 전압을 인가하는 방법이다. 따라서 게이트전압, 소스전압, 게이트-소스전압은 다음 식들로 표현된다.

$$V_G = \frac{R_1}{R_1 + R_2} V_{DD} \tag{9-1}$$

$$V_S = I_D R_S \tag{9-2}$$

$$V_{GS} = V_G - V_S \tag{9-3}$$

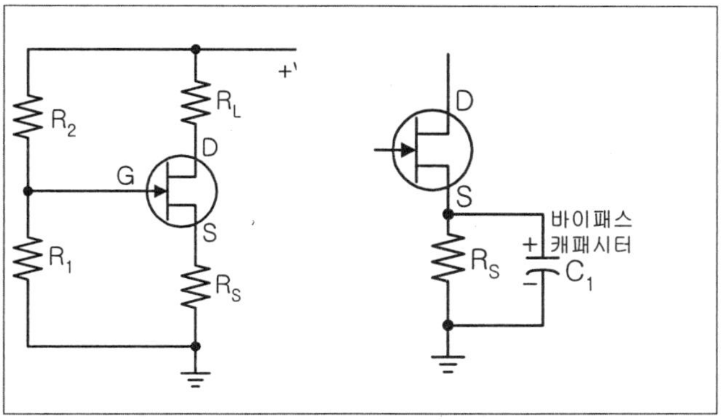

[그림 9-2] 전압분배 바이어스 회로와 바이패스 캐패시터 연결

이와 같이 직류 바이어스된 회로의 게이트에 교류신호를 인가하면 교류 증폭기로 동작하게 된다. 한편, 교류신호가 소스저항에 의한 전압강하로 증폭기의 이득이 감소하는 것을 방지하기 위해 바이패스 캐패시터 C_1을 R_S에 병렬로 연결해준다.

두 번째 회로인 [그림 9-3]은 자기 바이어스회로이다. 이 회로에서 게이트는 저항 R_1을 통해 접지되어 있고, 전류가 흐르지 않기 때문에 게이트 전압 V_G는 0V 이다. 앞에서와 마찬가지로, V_S와 V_{GS}를 구하고, $V_G = 0$을 대입하면 바이어스 값들은 다음과 같은 식들로부터 얻을 수 있다.

$$V_S = I_D R_S$$
$$V_{GS} = V_G - V_S = 0 - I_D R_S = -I_D R_S \tag{9-4}$$

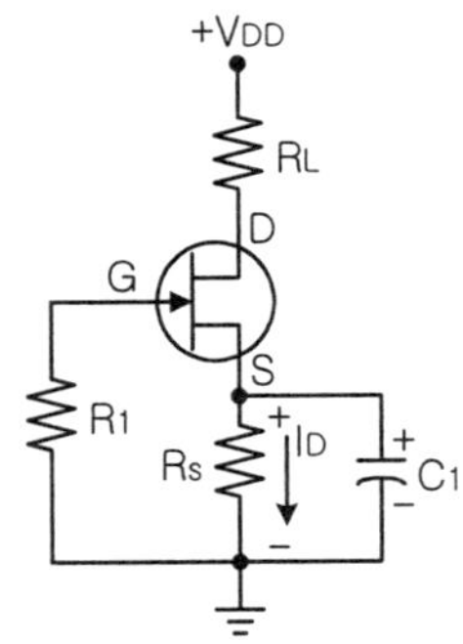

[그림 9-3] 자기 바이어스 회로

마지막으로 전원 바이어스는 [그림 9-4]와 같이 두 개의 독립전원(소스전원, 드레인전원)을 사용하는 바이어스이다. 여기서는 두 개의 전원을 조절하여 FET의 동작점을 결정한다.

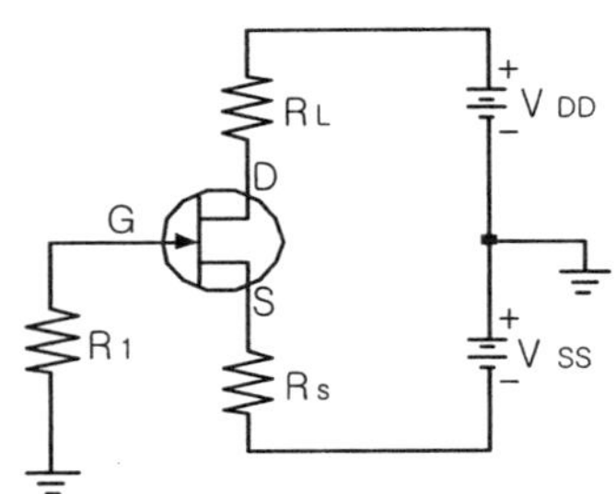

[그림 9-4] 전원 바이어스 회로

[그림 9-5]는 n채널 JFET를 사용한 자기 바이어스 공통소스 증폭기회로와 교류 등가회로를 보여준다. 이 회로의 전압이득 A_v는 식(9-5)로 표현된다. 입력신호는 캐패시터 C_1을 통해 게이트에 연결되며, 게이트 저항 R_G는 게이트-소스 간의 입력 임피던스를 높게 해준다. 출력신호 V_o는 입력신호와 180도의 위상차를 가진다. [그림 9-5(b)]는 [그림 9-5(a)]의 등가회로이다. 직류 전원을 단락시키고, FET를 등가회로로 변환한 것이다. FET는 전압제어 전류원(voltage controlled current source)이기 때문에 출력단에 전류원 $-g_m V_{GS}$를 연결해준다.

$$V_o = -(g_m v_{GS})(R_D \| r_d)$$

$$A_v = \frac{V_o}{V_i} = \frac{-g_m v_{GS}(R_D \| r_d)}{v_{GS}} = -g_m(R_D \| r_d) \qquad (9\text{-}5)$$

FET 저항 r_d가 회로저항 R_D 보다 훨씬 크다면 근사적으로 전압이득은 $A_v = -g_m R_D$ 로 표현될 수 있다.

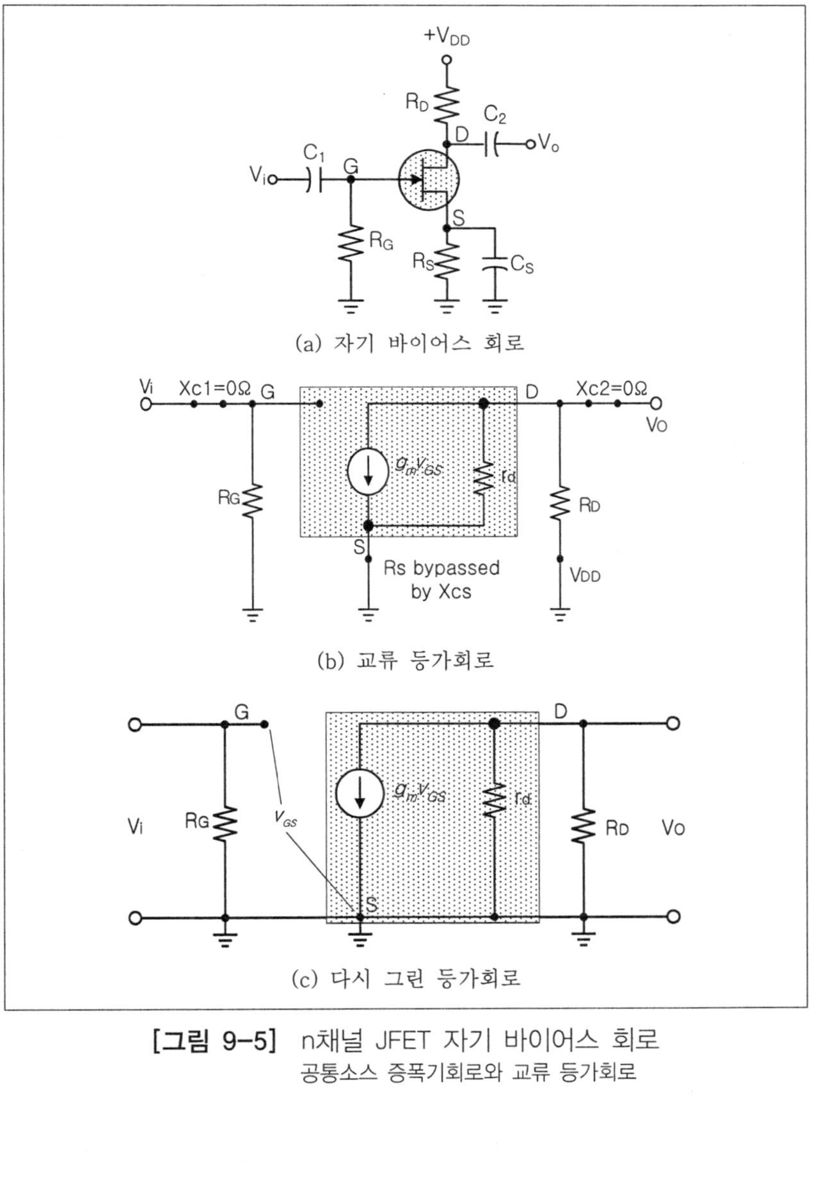

[그림 9-5] n채널 JFET 자기 바이어스 회로
공통소스 증폭기회로와 교류 등가회로

3. 예비 과제

FET 증폭기의 바이어스(전압분배 바이어스, 자기 바이어스, 전원 바이어스) 회로를 그리고 동작원리를 설명하시오.

4. 실험 방법

4.1 사용기기 및 부품

기기 : 전원 공급기, 함수 발생기, 디지털 멀티미터, 오실로스코프

부품 : n채널 JFET - 2N5485

저항 - 100Ω, 470Ω, 1kΩ, 2.2kΩ, 10kΩ, 10MΩ

캐패시터 - 0.1μF, 10μF(25V) 2개

4.2 실험 순서

(1) [그림 9-6]의 회로를 구성한 다음($R_D = 470\Omega$) 함수 발생기 출력형태를 정현파로 선택하고, 주파수를 1kHz, 진폭은 200mV로 조정하시오.

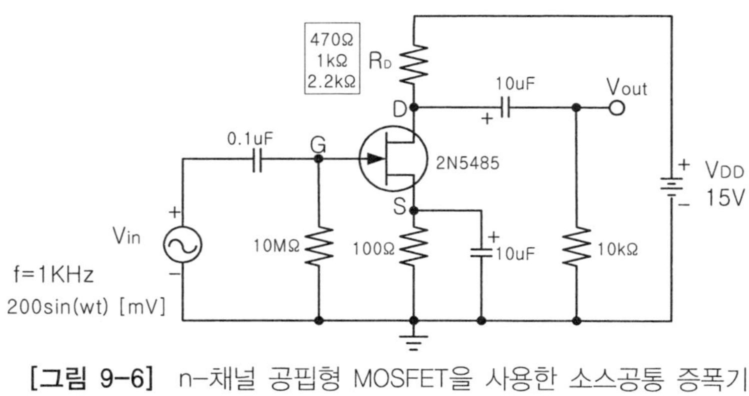

[그림 9-6] n-채널 공핍형 MOSFET을 사용한 소스공통 증폭기

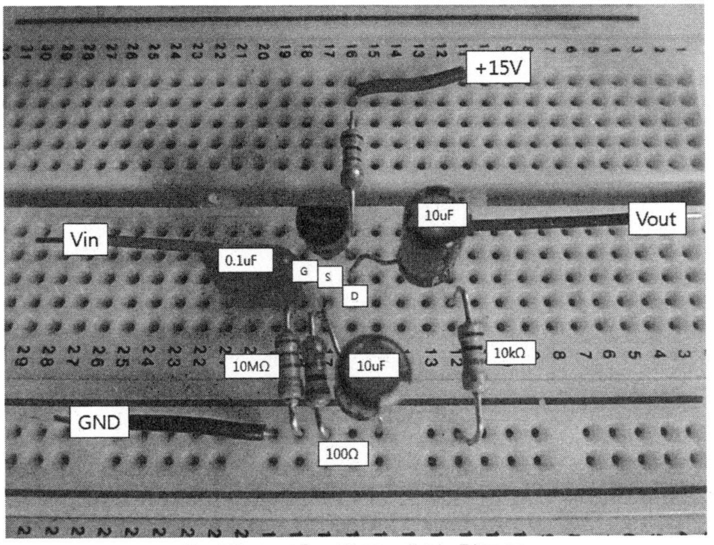

[그림 9-6] 회로 배선 참조도

(2) 오실로스코프로 출력신호전압 v_{out} 을 측정하여 [실험표 9-1]에 기록하고, 전압이득 A_v를 계산하시오.

(3) 이 증폭기의 직류 바이어스 전압 (V_G, V_S, V_{GS}, V_{DS})을 디지털 멀티미터로 측정하여 [실험표 9-1]에 기록하시오.

(4) R_D의 저항값을 1kΩ와 2.2kΩ로 바꾸어 (2), (3)의 실험을 반복하시오.

(5) v_{in}과 v_{out}의 파형을 오실로스코프로 측정하여 그리도록 하시오.

($R_D = 2.2k\Omega$일 때)

5. 실험 결과 및 고찰

(1) [실험표 9-1]의 데이터를 토대로 저항 R_D값에 따라 출력파형의 값이 어떻게 달라졌는지 설명하시오.

Memo

실험 9 실험 결과 보고서

실험일자	20 년 월 일	학 과	공학과	학 년	
학 번		이 름		실험조	
등 급				확인	

실험제목 : FET를 사용한 증폭기 회로

1. 실험순서에 따라 다음 각 항의 해당란에 실험결과를 기록하시오.

[실험표 9-1] 직류 바이어스 및 입출력 전압측정

RD	신호전압 (V_{PP})		전압이득계산	직류 바이어스전압			
	v_{in}	v_{out}	v_{out}/v_{in}	V_G	V_S	V_{GS}	V_{DS}
470Ω							
1kΩ							
2.2kΩ							

2. R_D=2.2kΩ 일 때의 v_{in}과 v_{out}의 파형을 그리시오.

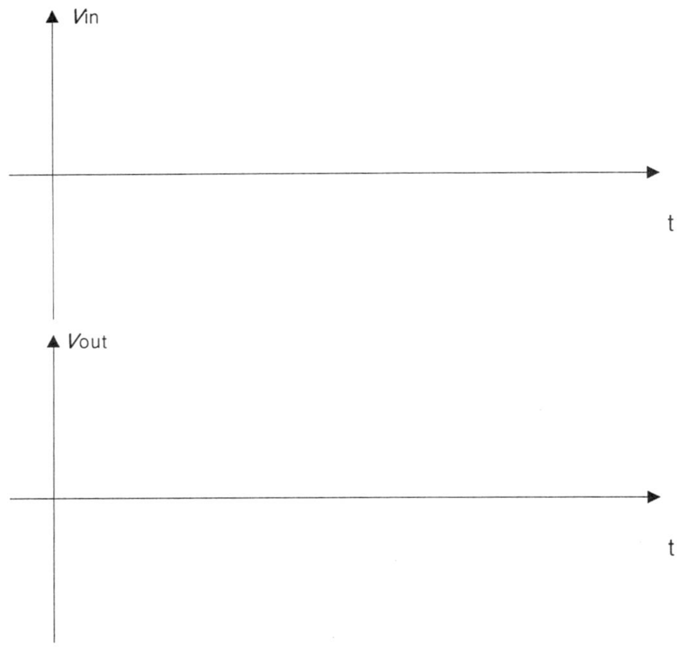

3. 실험고찰

(1) [실험표 9-1]의 데이터를 토대로 저항 R_D값에 따라 출력파형의 값이 어떻게 얻어졌는지 설명하시오.

실험 10

기본 논리게이트

1. 실험 목적

(1) 디지털회로의 기본적인 논리연산 동작을 학습한다.
(2) AND, OR, NOT, XOR 게이트의 동작을 학습한다.
(3) NAND, NOR 게이트의 동작을 학습한다.
(4) TTL의 사용법을 학습한다.

2. 기본 이론

디지털 회로는 아날로그 회로가 시간적으로 연속적인 값을 가지는 것에 반해 두 개의 불연속적인 값으로 동작하는 회로를 말하며, 두 개의 상태를 나타내는 2진값(binary value)으로 표현된다. 두 개의 상태는 '0'과 '1', 'low'와 'high', 'on'과 'off', 'true'와 'false' 등 여러 가지 형태로 나타내어진다. 디지털 회로는 다이오드나 트랜지스터를 사용하여 구성하며, 디지털 회로의 기본적인 논리연산에는 AND, OR, XOR, NOT, NAND, NOR 등이 있다. 그리고 전자회로를 이용하여 디지털 연산을 수행하는 회로를 논리게이트라 하며, 2진값을 갖는 변수 A, B, Y를 이용하여 표현하면 다음과 같다.

2.1 AND 게이트

AND 연산은 Y = A·B 또는 Y = AB로 나타내며, [그림 10-1]과 같이 A와 B의 값이 모두 1일 때만 출력 Y가 1이 된다. 대표적인 디지털 IC로서는 [그림 10-2]에 나타낸 4개의 AND 게이트를 가지고 있는 TTL(Transistor-Transistor Logic) IC 7408을 들 수 있다.

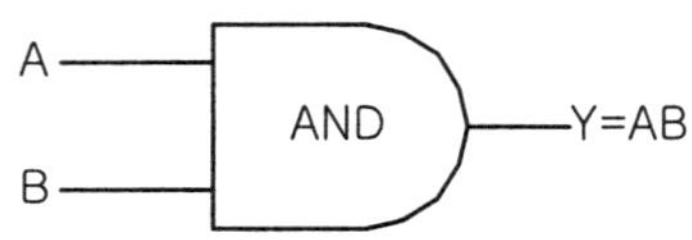

진리표

A	B	Y
0	0	0
0	1	0
1	0	0
1	1	1

[그림 10-1] AND 게이트

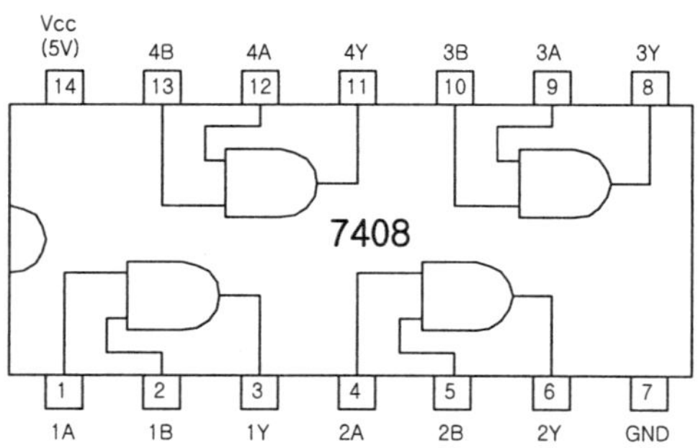

[그림 10-2] TTL 7408

2.2 OR 게이트

OR 연산은 Y = A + B 로 나타내며, [그림 10-3]과 같이 A와 B의 값이 모두 0일 때만 출력 Y가 0이 된다. OR 연산을 수행하는 대표적인 디지털 IC로서는 [그림 10-4]에 나타낸 4개의 OR 게이트를 가지고 있는 TTL IC 7432를 들 수 있다.

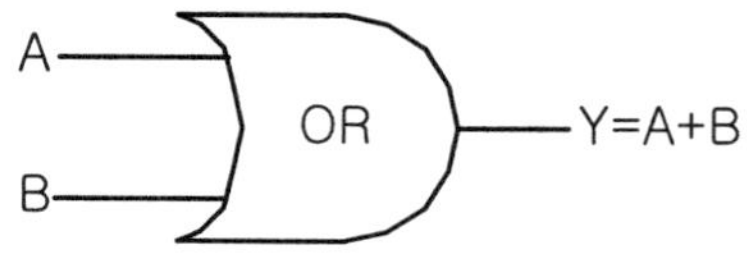

진리표

x	y	z
0	0	0
0	1	1
1	0	1
1	1	1

[그림 10-3] OR 게이트

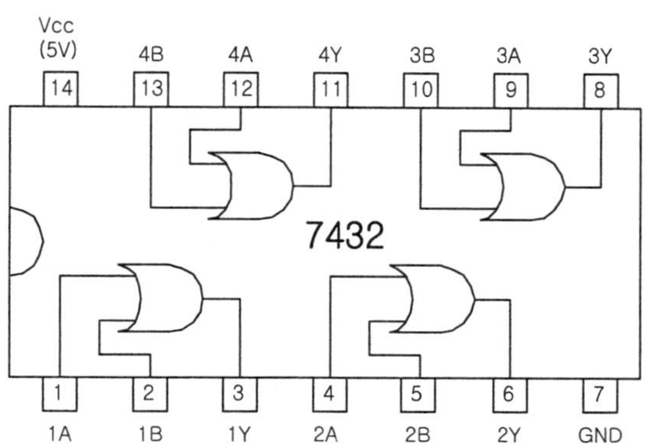

[그림 10-4] TTL 7432

2.3 NOT 게이트

NOT 연산은 Y = A′ 또는 $Y=\overline{A}$ 로 나타내며, [그림 10-5]와 같이 반전된 값이 출력된다. NOT 연산을 수행하는 대표적인 디지털 IC로서는 [그림 10-6]에 나타낸 6개의 NOT 게이트를 가지고 있는 TTL IC 7404를 들 수 있다.

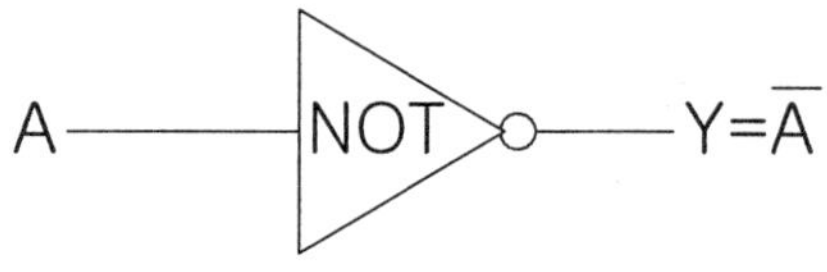

진리표

A	Y
0	1
1	0

[그림 10-5] NOT 게이트

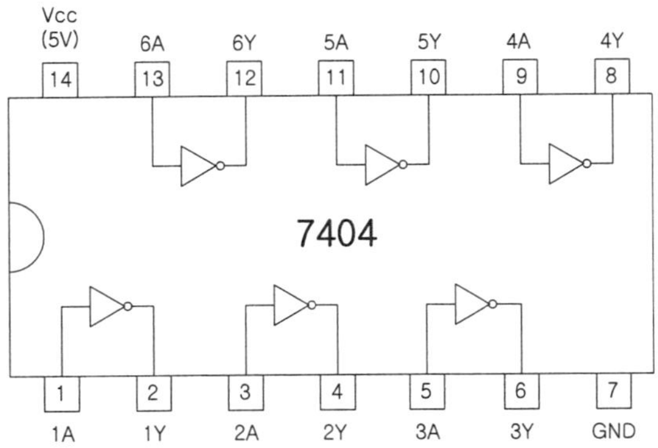

[그림 10-6] TTL 7404

2.4 XOR(Exclusive OR) 게이트

XOR 연산은 $Y = A \oplus B$ 로 나타내며, [그림 10-7]과 같이 A와 B의 값이 다른 경우에만 출력 Y가 1이 된다. XOR 연산을 수행하는 대표적인 디지털 IC로서는 [그림 10-8]에 나타낸 4개의 XOR 게이트를 가지고 있는 TTL IC 7486을 들 수 있다.

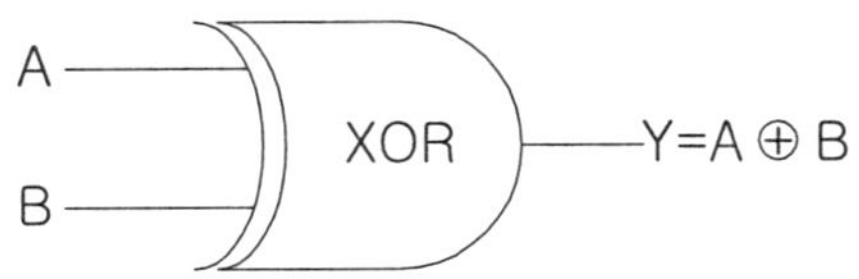

진리표

A	B	Y
0	0	0
0	1	1
1	0	1
1	1	0

[그림 10-7] XOR 게이트

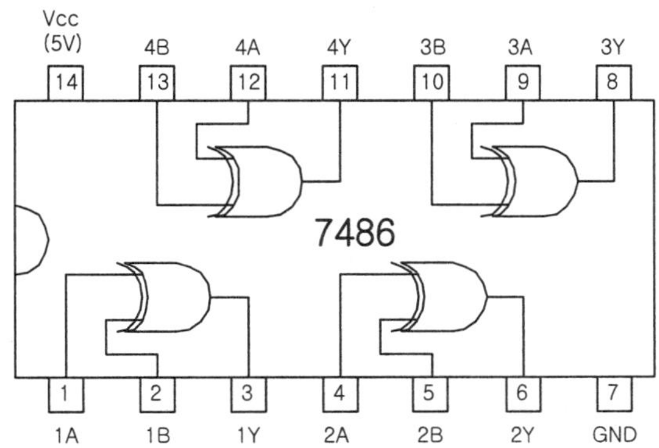

[그림 10-8] TTL 7486

2.5 NAND(Not AND) 게이트

NAND 연산은 $Y=\overline{AB}$로 나타내며, [그림 10-9]와 같이 A와 B의 값이 모두 1일 때만 출력 Y가 0이 된다. NAND 연산을 수행하는 대표적인 디지털 IC로서는 [그림 10-10]에 나타낸 4개의 NAND 게이트를 가지고 있는 TTL IC 7400을 들 수 있다.

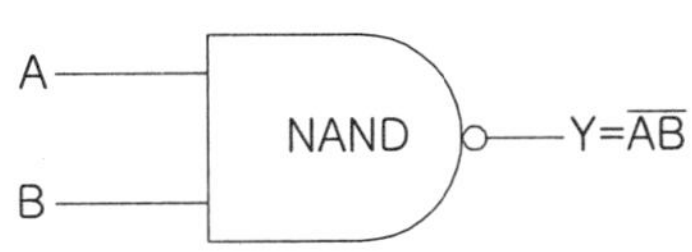

진리표

A	B	Y
0	0	1
0	1	1
1	0	1
1	1	0

[그림 10-9] NAND 게이트

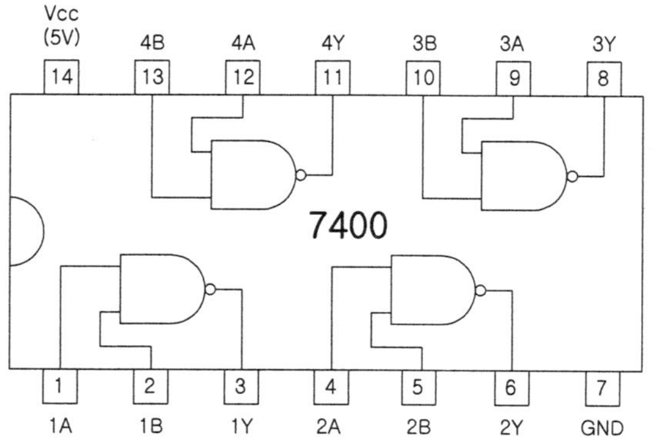

[그림 10-10] TTL 7400

2.6 NOR(Not OR) 게이트

NOR 연산은 $Y=\overline{A+B}$ 로 나타내며, [그림 10-11]과 A와 B의 값이 모두 0일 때만 출력 Y가 1이 된다. NOR 연산을 수행하는 대표적인 디지털 IC로서는 [그림 10-12]에 나타낸 4개의 NOR 게이트를 가지고 있는 TTL IC 7402를 들 수 있다.

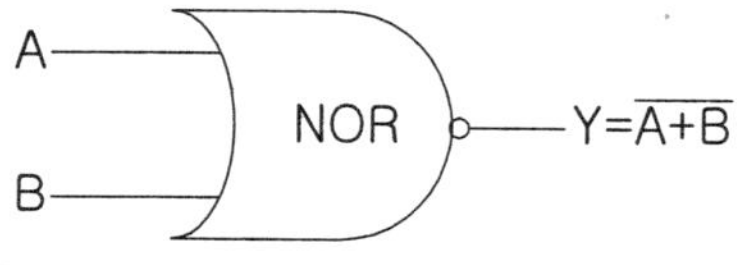

진리표

x	y	z
0	0	1
0	1	0
1	0	0
1	1	0

[그림 10-11] NOR 게이트

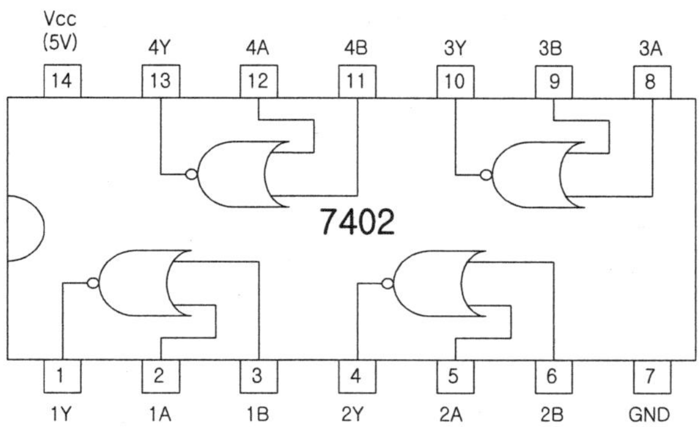

[그림 10-12] TTL 7402

3. 예비 과제

AND, OR, NOT, XOR, NAND, NOR 게이트의 동작에 대해 설명하시오.

4. 실험 방법

4.1 사용기기 및 부품

기기 : 전원 공급기, 디지털 멀티미터, 오실로스코프

부품 : TTL IC - 74LS00, 74LS02, 74LS04, 74LS08, 74LS32, 74LS86

4.2 실험 순서

(1) 5V의 직류 전원을 74LS08의 V_{CC}(14번 핀)와 GND(7번 핀)에 연결하고, 1번과 2번 핀에 [실험표 10-1]에 따라 입력하고 이에 따른 출력값(3번 핀)을 측정하시오.

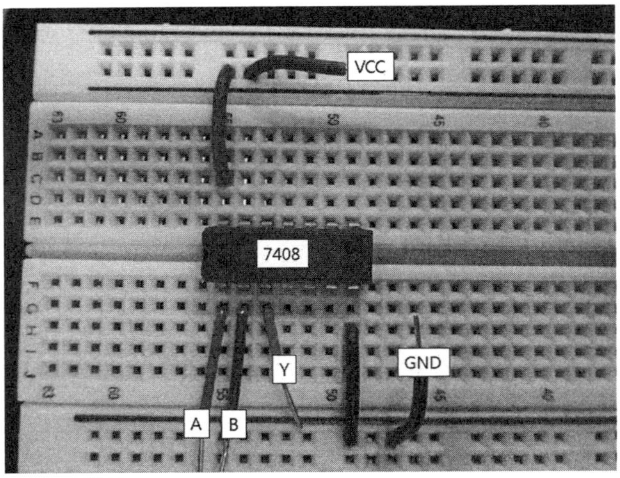

[그림 10-13] 회로 배선 참조도

(2) 5V의 직류 전원을 74LS32의 V_{CC}(14번 핀)와 GND(7번 핀)에 연결하고, 1번과 2번 핀에 [실험표 10-2]에 따라 입력하고 이에 따른 출력값(3번 핀)을 측정하시오.

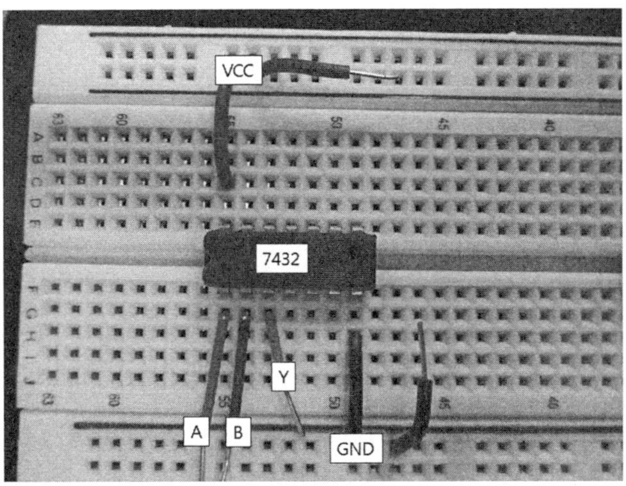

[그림 10-14] 회로 배선 참조도

(3) 5V의 직류 전원을 74LS04의 V_{CC}(14번 핀)와 GND(7번 핀)에 연결하고, 1번 핀에 [실험표 10-3]에 따라 입력하고 이에 따른 출력값(2번 핀)을 측

정하시오.

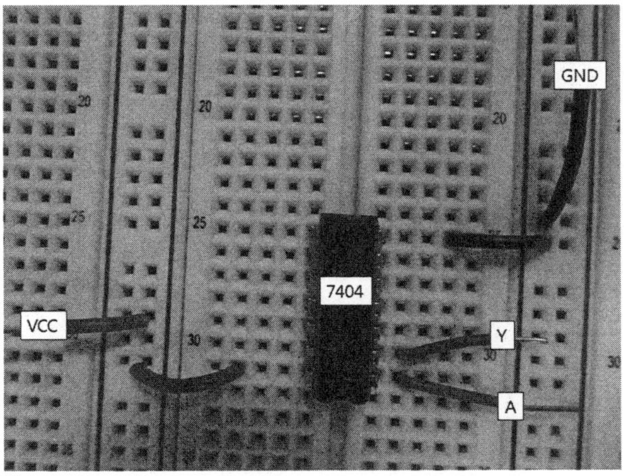

[그림 10-15] 회로 배선 참조도

(4) 5V의 직류 전원을 74LS86의 V_{CC}(14번 핀)와 GND(7번 핀)에 연결하고, 1번과 2번 핀에 [실험표 10-4]에 따라 입력하고 이에 따른 출력값(3번 핀)을 측정하시오.

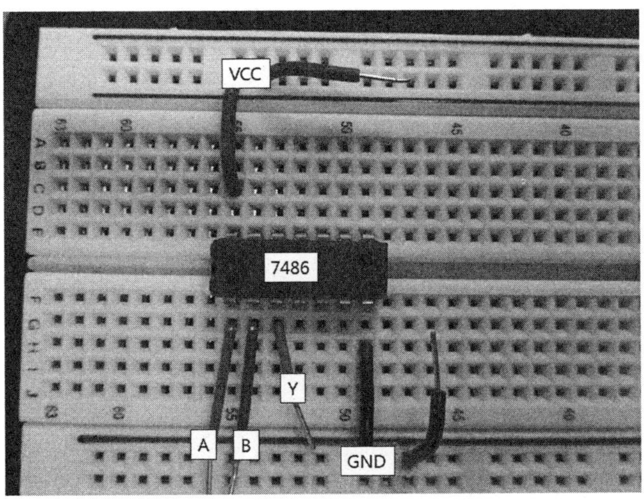

[그림 10-16] 회로 배선 참조도

(5) 5V의 직류 전원을 74LS00의 V_{CC}(14번 핀)와 GND(7번 핀)에 연결하고,

1번과 2번 핀에 [실험표 10-5]에 따라 입력하고 이에 따른 출력값(3번 핀)을 측정하시오.

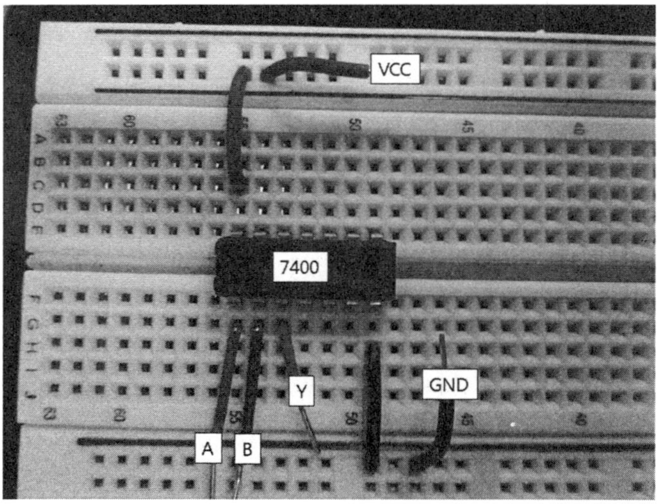

[그림 10-17] 회로 배선 참조도

(6) 5V의 직류 전원을 74LS02의 V_{CC}(14번 핀)와 GND(7번 핀)에 연결하고, 2번과 3번 핀에 [실험표 10-6]에 따라 입력하고 이에 따른 출력값(1번 핀)을 측정하시오.

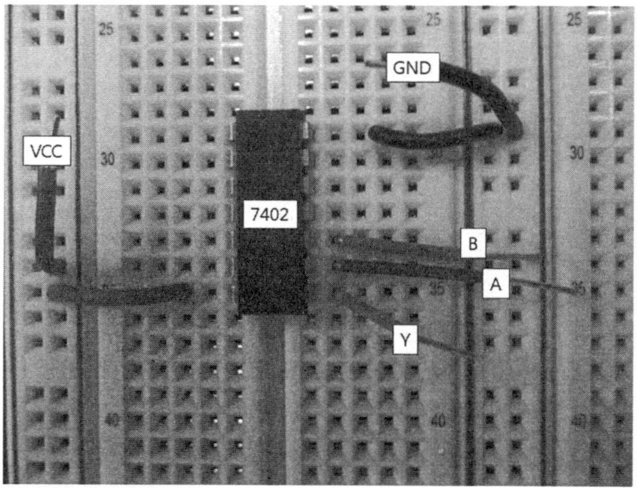

[그림 10-18] 회로 배선 참조도

실험 10 실험 결과 보고서

실험일자	20 년 월 일	학 과	공학과	학 년	
학 번		이 름		실험조	
등 급				확인	

실험제목 : 기본 논리게이트

1. 실험순서에 따라 다음 각 항의 해당란에 실험결과를 기록하시오.

[실험표 10-1] AND 게이트

입력(V)		출력	
A	B	전압	논리레벨
0	0		
0	5		
5	0		
5	5		

[실험표 10-2] OR 게이트

입력(V)		출력	
A	B	전압	논리레벨
0	0		
0	5		
5	0		
5	5		

[실험표 10-3] NOT 게이트

입력(V)	출력	
A	전압	논리레벨
0		
5		

[실험표 10-4] XOR 게이트

입력(V)		출력	
A	B	전압	논리레벨
0	0		
0	5		
5	0		
5	5		

[실험표 10-5] NAND 게이트

입력(V)		출력	
A	B	전압	논리레벨
0	0		
0	5		
5	0		
5	5		

[실험표 10-6] NOR 게이트

입력(V)		출력	
A	B	전압	논리레벨
0	0		
0	5		
5	0		
5	5		

실험 11
드모르강 정리

1. 실험 목적

(1) 드모르강 정리를 이해한다.
(2) XOR 게이트의 다른 표현법을 학습한다.

2. 기본 이론

드모르강 정리는 디지털 논리게이트를 변환할 때 유용하며, 다음과 같은 두개의 식으로 표현된다.

$$\overline{AB} = \overline{A} + \overline{B} \qquad (11\text{-}1)$$

$$\overline{A+B} = \overline{A}\ \overline{B} \qquad (11\text{-}2)$$

식(11-1)의 좌변은 두 개의 입력 A, B를 가진 NAND 게이트를 나타낸다. 그 우변은 각 입력을 반전시킨 후 OR 게이트의 입력으로 사용하여 얻은 결과와 동일함을 보여준다. 그리고 식(11-2)의 좌변은 두 개의 입력 A, B를 가진 NOR 게이트를 나타낸다. 그 우변은 각 입력을 반전시킨 후 AND 게이트의 입력으로 사용하여 얻은 결과와 동일함을 보여준다. 드모르강의 정리를 [표 11-1]과 [표 11-2]와 같이 진리표를 작성하여 위의 식이 성립함을 확인할 수 있다.

[표 11-1] 식(11-1)에 대한 증명

A	B	AB	$\overline{AB}$	$\overline{A}$	$\overline{B}$	$\overline{A}+\overline{B}$
0	0	0	1	1	1	1
0	1	0	1	1	0	1
1	0	0	1	0	1	1
1	1	1	0	0	0	0

[표 11-2] 식(11-2)에 대한 증명

A	B	A+B	$\overline{A+B}$	$\overline{A}$	$\overline{B}$	$\overline{A}\ \overline{B}$
0	0	0	1	1	1	1
0	1	1	0	1	0	0
1	0	1	0	0	1	0
1	1	1	0	0	0	0

XOR 게이트는 두 개의 입력이 서로 같지 않을 때는 출력이 1, 서로 같을 때는 0을 출력하는 논리게이트이다.

$$Y = A \oplus B = \overline{A}B + A\overline{B} \tag{11-3}$$

[표 11-2] 식(11-3)에 대한 증명

A	B	$\overline{A}$	$\overline{B}$	$\overline{A}B$	$A\overline{B}$	$\overline{A}B + A\overline{B}$
0	0	1	1	0	0	0
0	1	1	0	1	0	1
1	0	0	1	0	1	1
1	1	0	0	0	0	0

3. 예비 과제

드모르강 정리에 대해 설명하시오.

4. 실험 방법

4.1 사용기기 및 부품

기기 : 전원 공급기, 디지털 멀티미터, 오실로스코프

부품 : TTL IC - 74LS00, 74LS02, 74LS04, 74LS08, 74LS32, 74LS86

4.2 실험 순서

(1) 5V의 직류 전원을 74LS00의 V_{CC}(14번 핀)와 GND(7번 핀)에 연결하고, 1번과 2번 핀에 [그림 11-1]과 같이 A, B의 값을 [실험표 11-1]에 따라 입력하고 이에 따른 출력값(3번 핀)을 측정하시오.

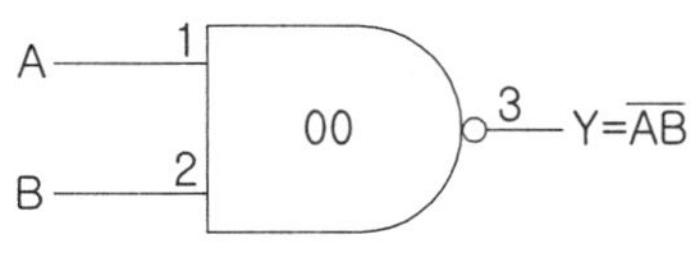

[그림 11-1] 실험1 회로도

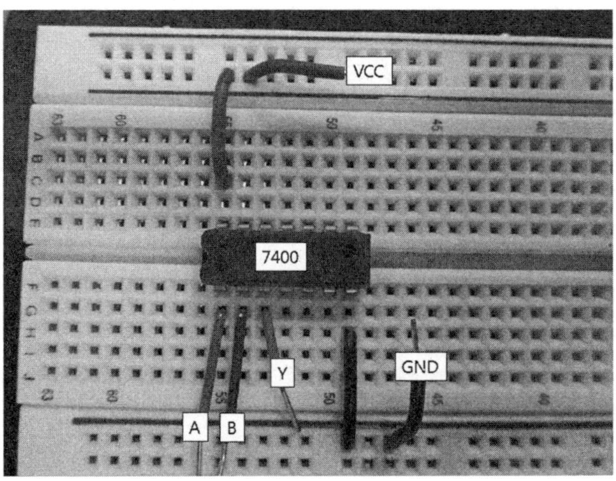

[그림 11-2] 회로 배선 참조도

(2) [그림 11-3]과 같이 74LS04와 74LS32를 이용하여 회로를 구성하고, 74LS04의 1번과 3번 핀에 입력되는 A, B값을 [실험표 11-2]에 따라 입력하고 이에 따른 74LS32의 출력값(3번 핀)을 측정하시오.(74LS04와 74LS32의 전원은 반드시 연결할 것)

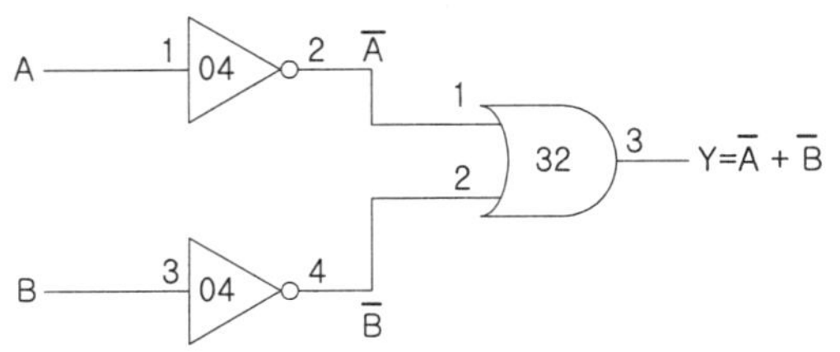

[그림 11-3] 실험2 회로도

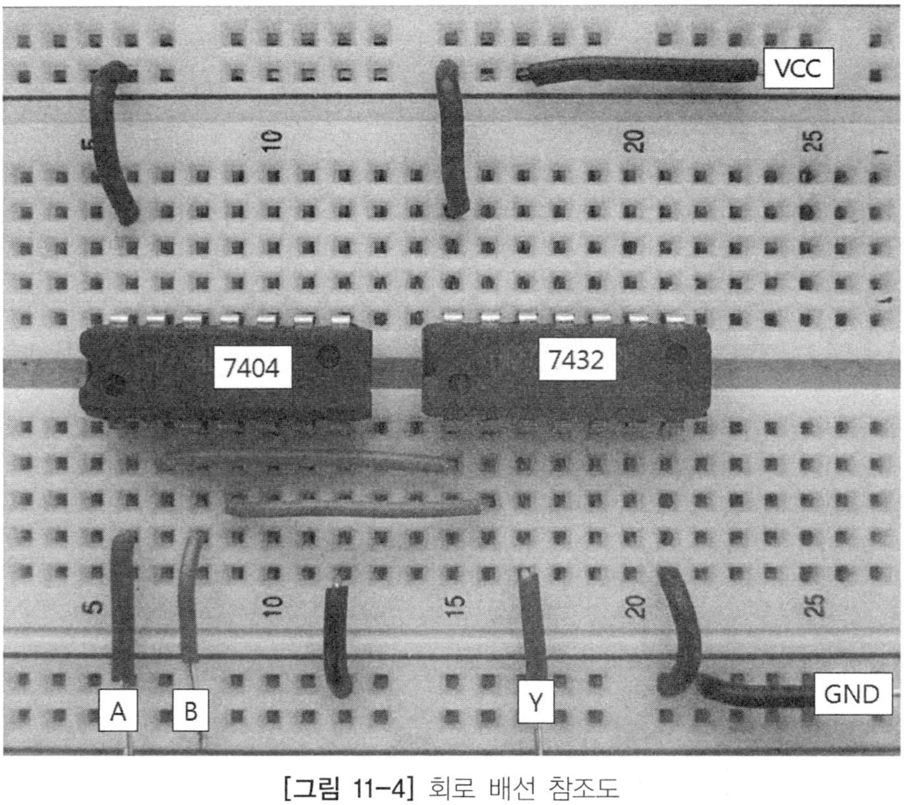

[그림 11-4] 회로 배선 참조도

(3) 5V의 직류 전원을 74LS02의 V_{CC}(14번 핀)과 GND(7번 핀)에 연결하고, [그림 11-5]와 같이 2번과 3번 핀에 입력되는 A, B의 값을 [실험표 11-3]에 따라 입력하고 이에 따른 출력값(1번 핀)을 측정하시오.

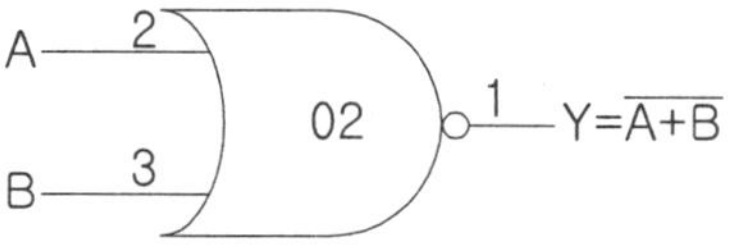

[그림 11-5] 실험3 회로도

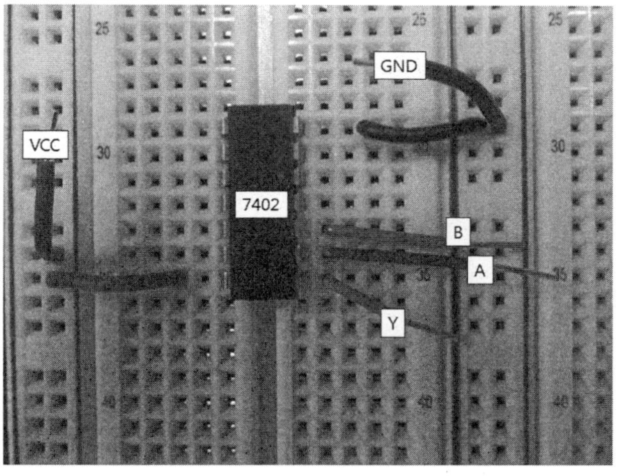

[그림 11-6] 회로 배선 참조도

(4) [그림 11-7]과 같이 74LS04와 74LS08을 이용하여 회로를 구성하고, 74LS04의 1번과 3번 핀에 입력되는 A, B값을 [실험표 11-4]에 따라 입력하고 이에 따른 74LS08의 출력값(3번 핀)을 측정하시오.(74LS04와 74LS08의 전원 핀은 반드시 연결할 것)

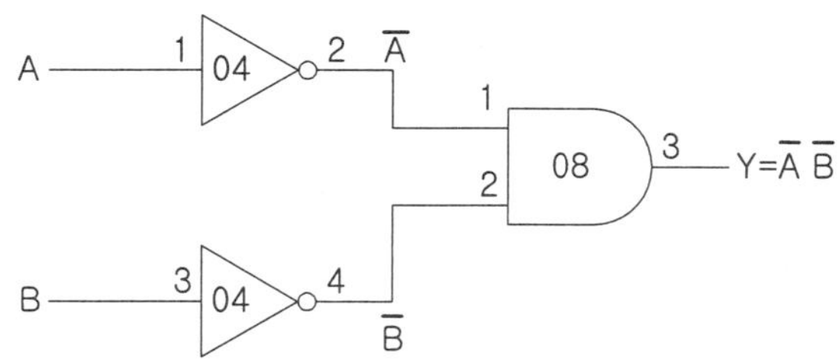

[그림 11-7] 실험4 회로도

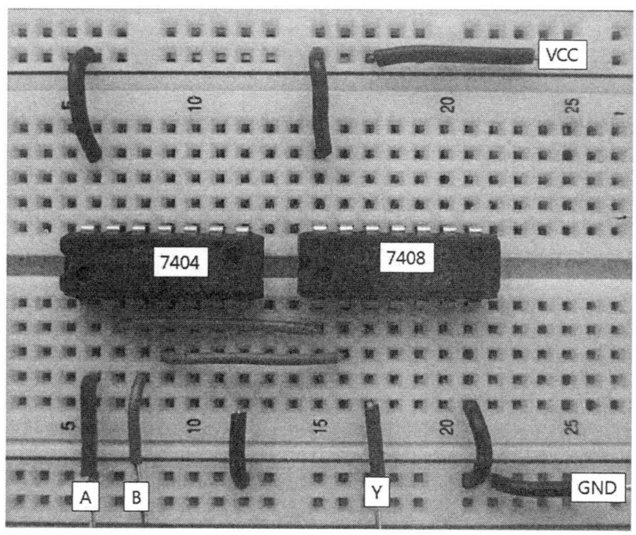

[그림 11-8] 회로 배선 참조도

(5) 5V의 직류 전원을 74LS86의 V_{CC}(14번 핀)와 GND(7번 핀)에 연결하고, [그림 11-9]와 같이 1번과 2번 핀에 입력되는 A, B의 값을 [실험표 11-5]에 따라 입력하고 이에 따른 출력값(3번 핀)을 측정하시오.

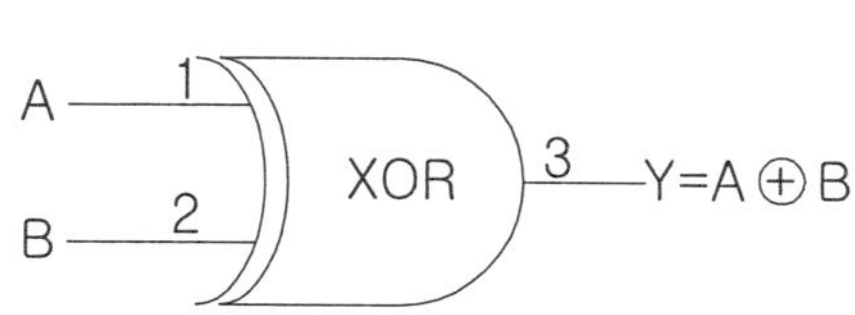

[그림 11-9] 실험5 회로도

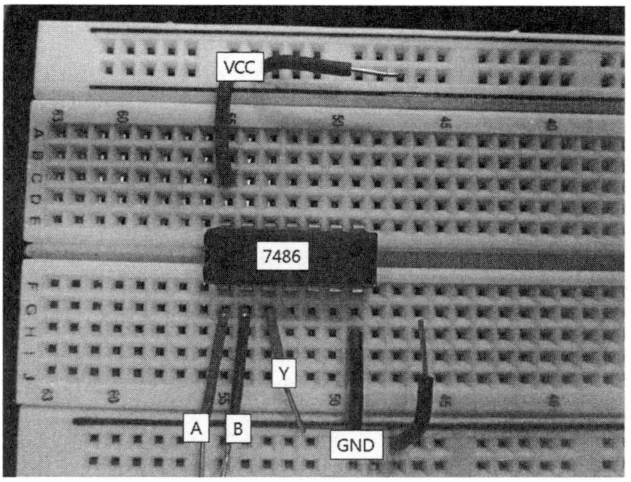

[그림 11-10] 회로 배선 참조도

(6) [그림 11-11]과 같이 74LS04, 74LS08, 74LS32를 이용하여 회로를 구성하고, 74LS04의 1번과 3번 핀에 입력되는 A, B값을 [실험표 11-6]에 따라 입력하여 이에 따른 74LS32의 출력값(3번 핀)을 측정하시오.(74LS04, 74LS08, 74LS32의 전원 핀은 반드시 연결할 것)

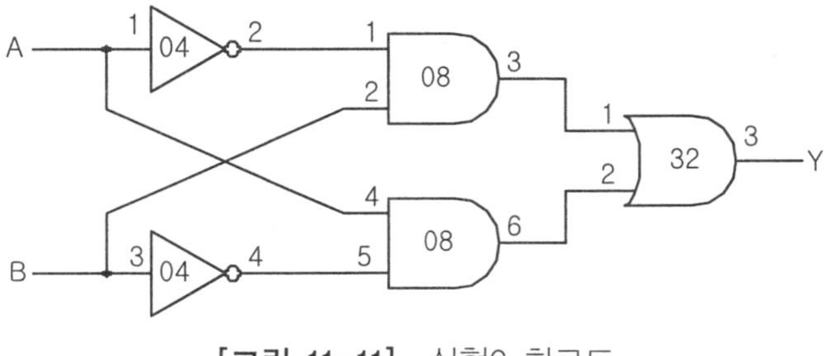

[그림 11-11] 실험6 회로도

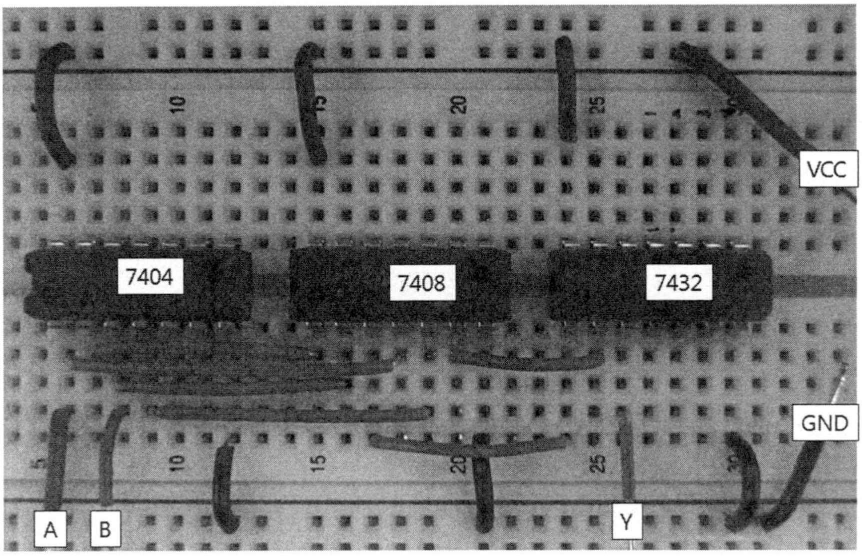

[그림 11-12] 회로 배선 참조도

(7) [그림 11-13]과 같이 74LS00을 이용하여 회로를 구성하고, 74LS00의 1번과 2번 핀에 입력되는 A, B값을 [실험표 11-7]에 따라 입력하고 이에 따른 74LS00의 출력값(11번 핀)을 측정하시오.(74LS00의 전원 핀은 반드시 연결할 것)

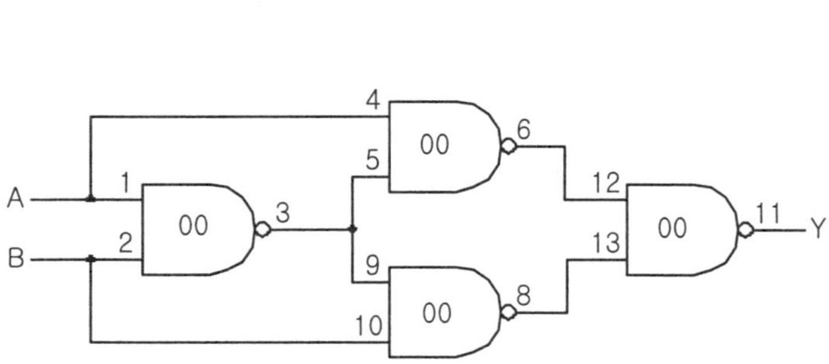

[그림 11-13] 실험7 회로도

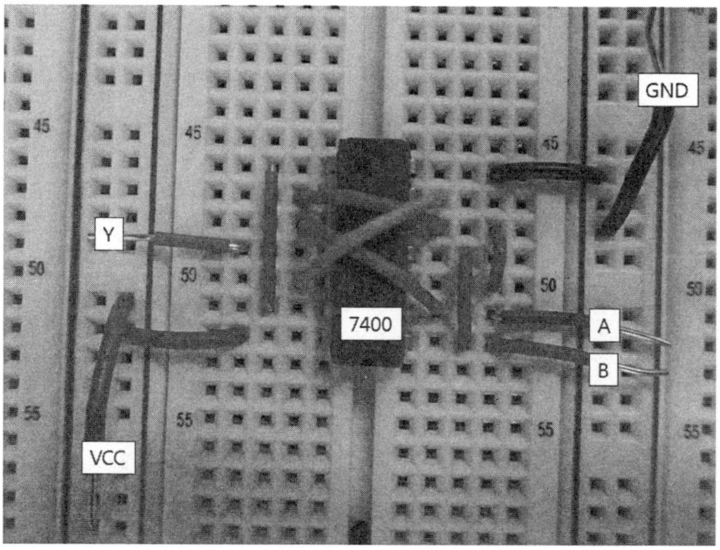

[그림 11-14] 회로 배선 참조도

5. 실험 결과 및 고찰

(1) [실험표 11-1]과 [실험표 11-2]의 결과에 대해 설명하시오.

(2) [실험표 11-3]과 [실험표 11-4]의 결과에 대해 설명하시오.

(3) [실험표 11-5], [실험표 11-6], [실험표 11-7]의 결과에 대해 설명하시오.

Memo

실험 11 실험 결과 보고서

실험일자	20 년 월 일	학 과	공학과	학 년	
학 번		이 름		실험조	
등 급				확인	

실험제목 : 드모르강 정리

1. 실험순서에 따라 다음 각 항의 해당란에 실험결과를 기록하시오.

[실험표 11-1] NAND 게이트

입력(V)		출력	
A	B	전압	논리레벨
0	0		
0	5		
5	0		
5	5		

[실험표 11-2] 실험2 회로도

입력(V)		출력	
A	B	전압	논리레벨
0	0		
0	5		
5	0		
5	5		

[실험표 11-3] NOR 게이트

입력(V)		출력	
A	B	전압	논리레벨
0	0		
0	5		
5	0		
5	5		

[실험표 11-4] 실험4 회로도

입력(V)		출력	
A	B	전압	논리레벨
0	0		
0	5		
5	0		
5	5		

[실험표 11-5] XOR 게이트

입력(V)		출력	
A	B	전압	논리레벨
0	0		
0	5		
5	0		
5	5		

[실험표 11-6] 실험6 회로도

입력(V)		출력	
A	B	전압	논리레벨
0	0		
0	5		
5	0		
5	5		

[실험표 11-7] 실험7 회로도

입력(V)		출력	
A	B	전압	논리레벨
0	0		
0	5		
5	0		
5	5		

2. 실험결과 및 고찰

(1) [실험표 11-1]과 [실험표 11-2]의 결과에 대해 설명하시오.

(2) [실험표 11-3]과 [실험표 11-4]의 결과에 대해 설명하시오.

(3) [실험표 11-5], [실험표 11-6], [실험표 11-7]의 결과에 대해 설명하시오.

실험 12
연산증폭기의 기초

1. 실험 목적

(1) 이상적인 연산증폭기의 특성을 이해한다.

(2) 반전 및 비반전 증폭기 회로를 구성하여 그 동작을 이해한다

2. 기본 이론

연산증폭기(OP AMP : operational amplifier)는 특수한 형태를 갖는 궤환증폭기의 일종으로 가감산 및 승제산과 미적분 회로 등의 아날로그 연산을 비롯하여 전원회로, 필터, 비교기 및 발진기 등에 널리 이용되고 있다. [그림 12-1]은 연산증폭기의 기호를 나타내며, 2개의 입력과 1개의 출력을 갖는다. [그림 12-2]는 연산증폭기의 등가회로를 나타내며, 이상적인 연산증폭기는 다음과 같은 특성을 갖는다.

① 입력저항 $R_i = \infty$

② 출력저항 $R_o = 0$

③ 개루프 전압이득 $A_V = \infty$

④ 입력전류 = 0

⑤ 입력 2단자 사이의 전압차 $V_d = 0$

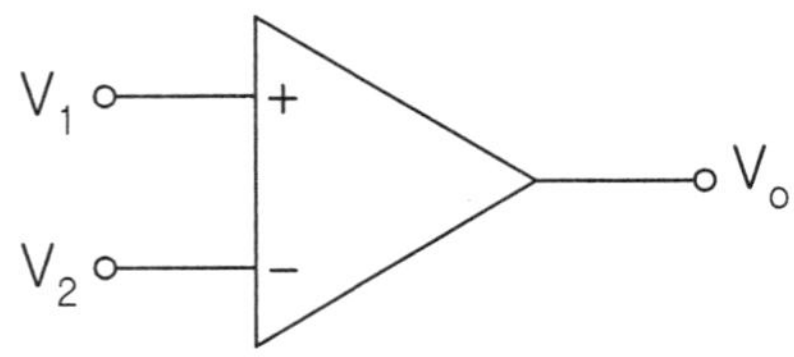

[그림 12-1] 연산증폭기 기호

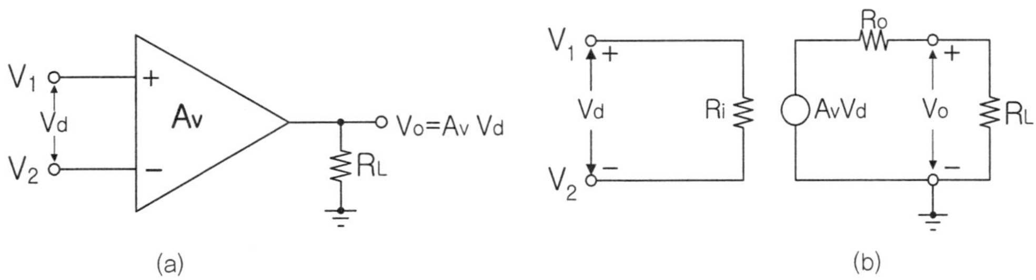

[그림 12-2] 연산증폭기 등가회로

2.1 반전 증폭기

[그림 12-3]은 연산증폭기를 이용한 반전 증폭기를 나타내며, 입력과 출력의 부호가 반전된다.

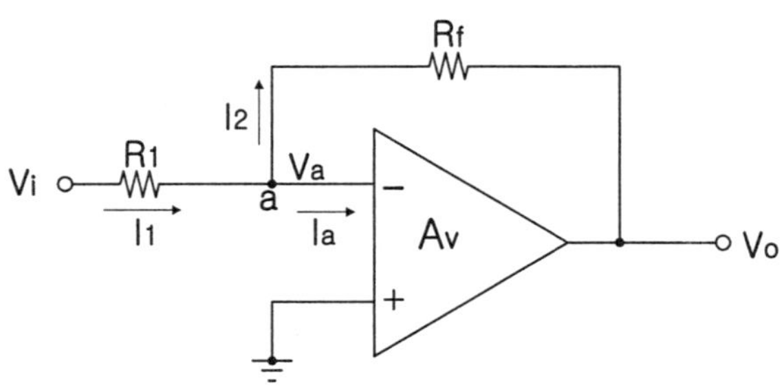

[그림 12-3] 반전 증폭기

[그림 12-3]에서 전류 I_1, I_2를 구하면

$$I_1 = (V_i - V_a) / R_1 \tag{12-1}$$

$$I_2 = (V_a - V_o) / R_f \tag{12-2}$$

이 되며, 접점 a에서 키르히호프 제1법칙을 적용하면

$$I_1 = I_2 + I_a \tag{12-3}$$

가 된다. 그리고 이상적인 연산증폭기의 경우 $V_a = 0, I_a = 0$ 이므로, 식(12-3)은 다음과 같이 된다.

$$V_i / R_1 = -V_o / R_f \tag{12-4}$$

그러므로

$$V_o = -(R_f / R_1) V_i \tag{12-5}$$

이 된다. 식(12-5) 로부터 알 수 있듯이 입력전압과 출력전압의 부호가 다르다는 것을 알 수 있으며, 전압증폭률은 (R_f / R_1)가 된다.

2.2 비반전 증폭기

[그림 12-4]는 연산증폭기를 이용한 비반전 증폭기를 나타내며, 입력과 출력의 부호가 같게 된다. [그림 12-4]에서 전류 I_1, I_2를 구하면

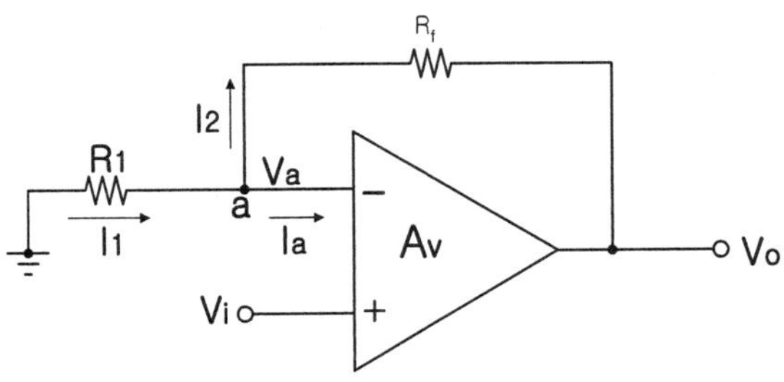

[그림 12-4] 비반전 증폭기

$$I_1 = -V_a / R_1 \tag{12-6}$$

$$I_2 = (V_a - V_o) / R_f \tag{12-7}$$

이 되며, 접점 a에서 키르히호프 제1법칙을 적용하면

$$I_1 = I_2 + I_a \qquad (12\text{-}8)$$

가 된다. 그리고 이상적인 연산증폭기의 경우 $V_a = V_i$, $I_a = 0$이므로, 식(12-8)은 다음과 같이 된다.

$$-V_i/R_1 = (V_i - V_o)/R_f \qquad (12\text{-}9)$$

그러므로

$$V_o = (1 + R_f/R_1)V_i \qquad (12\text{-}10)$$

이 된다. 식(12-10)으로부터 알 수 있듯이 입력전압과 출력전압의 부호가 같다는 것을 알 수 있으며, 전압증폭률은 $(1 + R_f/R_1)$가 된다.

3. 예비 과제

(1) OP AMP의 기호를 조사하고, 이상적인 연산증폭기의 특성을 서술하시오.
(2) 반전 및 비반전 증폭기에 대해 설명하시오.

4. 실험 방법

4.1 사용기기 및 부품

기기 : 전원 공급기, 디지털 멀티미터, 오실로스코프, 함수 발생기
부품 : OP AMP - µA741
저항 - 3.3kΩ, 5.1kΩ, 10kΩ 2개, 15kΩ, 20kΩ, 30kΩ

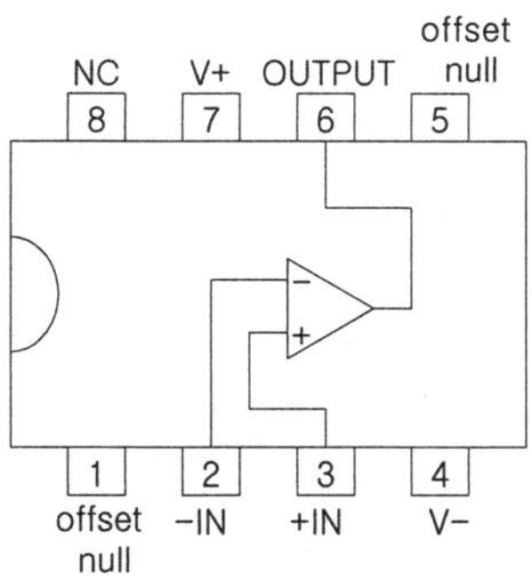

[그림 12-5] uA741 핀 배치도

4.2 실험 순서

(1) [그림 12-6]과 같이 회로를 구성하고, [실험표 12-1]에 따라 R_1의 저항값을 변화시키면서 출력전압 V_o를 측정하시오.

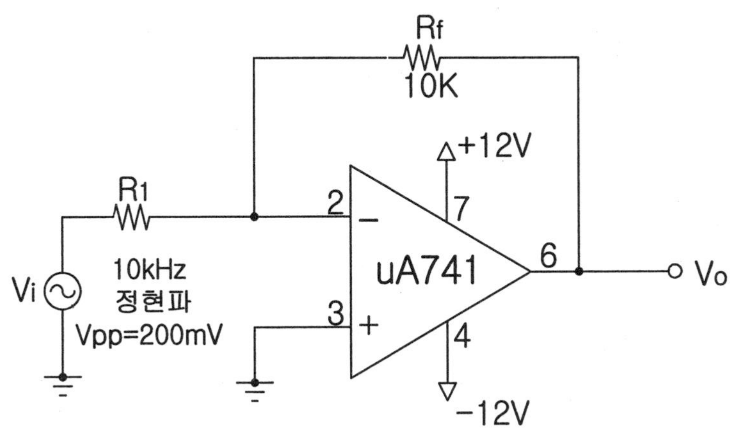

[그림 12-6] 반전 증폭기 실험 회로도

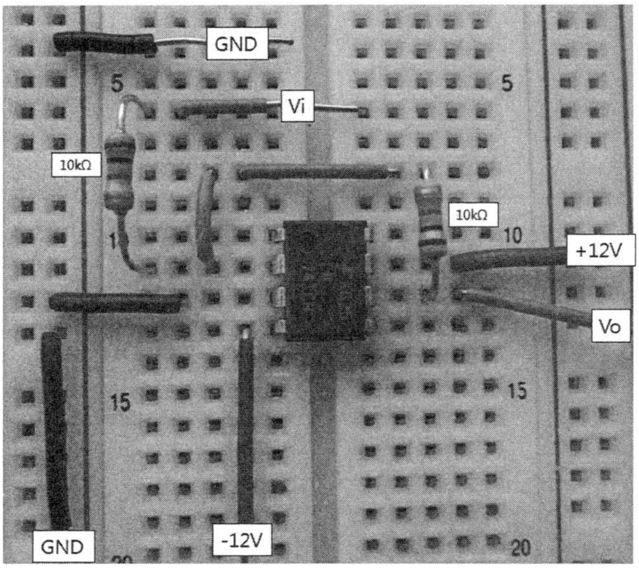

[그림 12-7] 비반전 증폭기 실험 회로도

(2) [그림 12-8]과 같이 회로를 구성하고, [실험표 12-2]에 따라 R_1의 저항값을 변화시키면서 출력전압 V_o를 측정하시오.

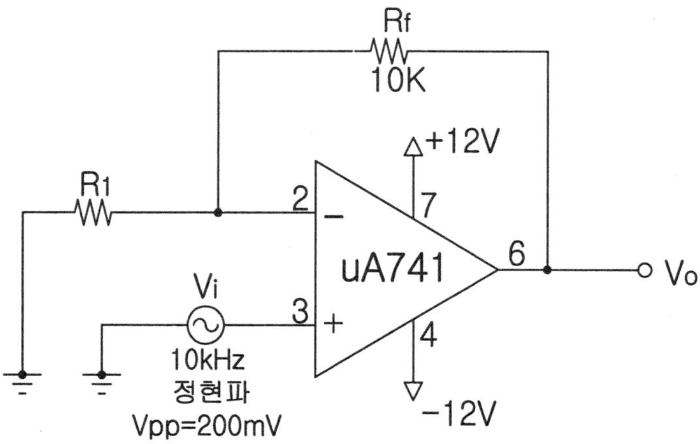

[그림 12-8] 비반전 증폭기 실험 회로도

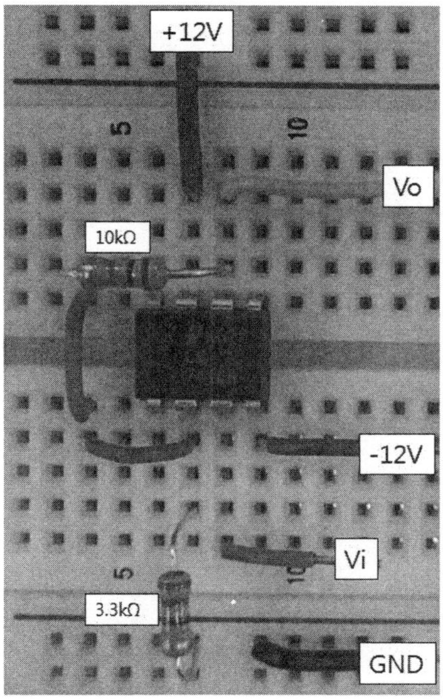

[그림 12-9] 비반전 증폭기 실험 회로도

5. 실험 결과 및 고찰

(1) [실험표 12-1]의 결과(V_O)에 따라 R_1과 R_f 사이에 어떠한 관계가 성립되는지 설명하시오.

(2) [실험표 12-2]의 결과(V_O)에 따라 R_1과 R_f 사이에 어떠한 관계가 성립되는지 설명하시오.

Memo

실험 12 실험 결과 보고서

실험일자	20 년 월 일	학 과	공학과	학 년	
학 번		이 름		실험조	
등 급				확인	

실험제목 : 연산증폭기 기초

1. 실험순서에 따라 다음 각 항의 해당란에 실험결과를 기록하시오.

[실험표 12-1] 반전 증폭기 실험결과

R_f [kΩ]	R_1 [kΩ]	V_i [mV]	V_o [mV] 이론값	V_o [mV] 실험값
10	3.3	200		
	5.1			
	10			
	15			
	20			
	30			

[실험표 12-2] 비반전 증폭기 실험결과

R_f [kΩ]	R_1 [kΩ]	V_i [mV]	V_o [mV] 이론값	V_o [mV] 실험값
10	3.3	200		
	5.1			
	10			
	15			
	20			
	30			

2. 실험결과 및 고찰

(1) [실험표 12-1]의 결과(V_O)에 따라 R_1과 R_f 사이에 어떠한 관계가 성립되는지 설명하시오.

(2) [실험표 12-2]의 결과(V_O)에 따라 R_1과 R_f 사이에 어떠한 관계가 성립되는지 설명하시오.

실험 13 연산증폭기의 응용

1. 실험 목적

(1) 연산증폭기를 이용한 가산기의 동작을 이해한다.

(2) 연산증폭기를 이용한 미분기의 동작을 이해한다.

(3) 연산증폭기를 이용한 적분기의 동작을 이해한다.

2. 기본 이론

연산증폭기는 아날로그 회로에서 널리 사용되고 있는 집적회로이다. 이를 사용한 응용회로 중 비교적 간단한 가산, 미분과 적분을 수행하는 회로를 구성하고 그 동작을 이해하여 보자.

2.1 가산기

[그림 13-1]은 연산증폭기를 이용한 두 개의 입력을 갖는 가산기를 나타낸다.

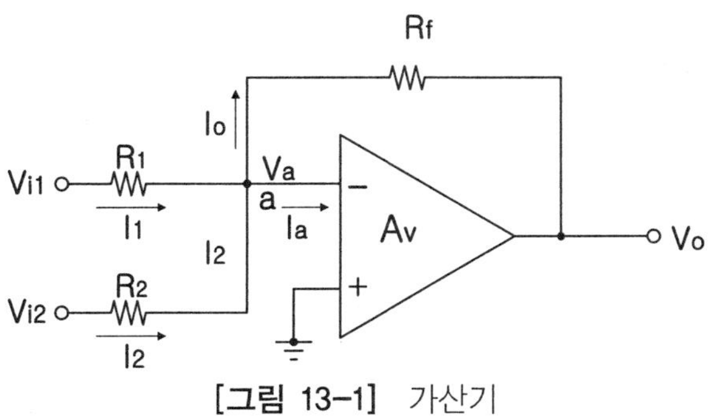

[그림 13-1] 가산기

[그림 13-1]에서 전류 I_1, I_2, I_o를 구하면

$$I_1 = (V_{i1} - V_a)/R_1 \quad (13\text{-}1)$$

$$I_2 = (V_{i2} - V_a)/R_2 \quad (13\text{-}2)$$

$$I_o = (V_a - V_o)/R_f \quad (13\text{-}3)$$

이 되며, 접점 a에서 키르히호프 제1법칙을 적용하면

$$I_1 + I_2 = I_a + I_o \quad (13\text{-}4)$$

가 된다. 그리고 이상적인 연산증폭기의 경우 $V_a = 0$, $I_a = 0$이므로, 식(13-4)는 다음과 같이 된다.

$$V_{i1}/R_1 + V_{i2}/R_2 = -V_o/R_f \quad (13\text{-}5)$$

그러므로

$$V_o = -\{(R_f/R_1)V_{i1} + (R_f/R_1)V_{i2}\} \quad (13\text{-}6)$$

이 된다. 식(13-6)에서 $R_1 = R_2 = R_f$이면, 식(13-6)은

$$V_o = -(V_{i1} + V_{i2}) \quad (13\text{-}7)$$

가 되며, 출력전압 V_o는 입력전압 V_{i1}과 V_{i2}를 더해 반전시킨 결과가 되는 것을 알 수 있다.

2.2 미분기

[그림 13-2]는 연산증폭기를 이용한 미분기를 나타낸다.

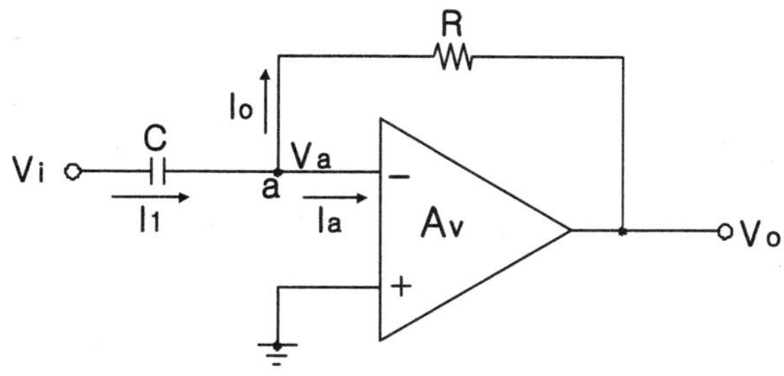

[그림 13-2] 미분기

[그림 13-2]에서 전류 I_1, I_2, I_o를 구하면

$$I_1 = C \cdot \frac{d(V_i - V_a)}{dt} \tag{13-8}$$

$$I_o = \frac{(V_a - V_o)}{R} \tag{13-9}$$

이 되며, 접점 a에서 키르히호프 제1법칙을 적용하면

$$I_1 = I_a + I_o \tag{13-10}$$

가 된다. 그리고 이상적인 연산증폭기의 경우 $V_a = 0$, $I_a = 0$이므로, 식 (13-10)은 다음과 같이 된다.

$$C \cdot \frac{dV_i}{dt} = -\frac{V_o}{R} \tag{13-11}$$

그러므로

$$V_o = -RC \cdot \frac{dV_i}{dt} \tag{13-12}$$

이 되며, 출력전압 V_o는 입력전압 V_i를 미분한 값에 비례하는 것을 알 수 있다.

2.3 적분기

[그림 13-3]은 연산증폭기를 이용한 적분기를 나타낸다.

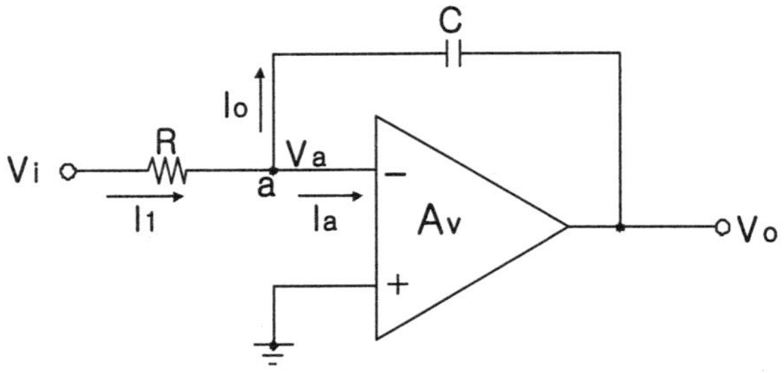

[그림 13-3] 적분기

[그림 13-3]에서 전류 I_1, I_2, I_o를 구하면

$$I_1 = \frac{(V_i - V_a)}{R} \tag{13-13}$$

$$I_o = C \cdot \frac{d(V_a - V_o)}{dt} \tag{13-14}$$

이 되며, 접점 a에서 키르히호프 제1법칙을 적용하면

$$I_1 = I_a + I_o \tag{13-15}$$

가 된다. 그리고 이상적인 연산증폭기의 경우 $V_a = 0$, $I_a = 0$ 이므로, 식 (13-15)는 다음과 같이 된다.

$$\frac{V_i}{R} = -C \cdot \frac{dV_o}{dt} \tag{13-16}$$

그러므로

$$V_o = -1/(RC) \cdot \int V_i dt \tag{13-17}$$

이 되며, 출력전압 V_o는 입력전압 V_i를 적분한 값에 비례함을 알 수 있다.

3. 예비 과제

(1) OP AMP를 이용한 가산기, 미분기, 적분기에 대해 설명하시오.

(2) 실험회로 [그림 13-4]에서 R_1= 5.1kΩ, 10kΩ, 20kΩ. 30kΩ 일때 V_a와 V_o의 이론값을 계산하시오.

4. 실험 방법

4.1 사용기기 및 부품

기기 : 전원 공급기, 디지털 멀티미터, 오실로스코프, 함수 발생기

부품 : OP AMP - μA741 2개

저항 - 5.1kΩ, 10kΩ 4개, 20kΩ, 30kΩ. 100kΩ

콘덴서 - 0.1μF(세라믹), 10μF(전해)

4.2 실험 순서

(1) [그림 13-4]와 같이 2개의 연산증폭기를 이용하여 회로를 구성하고, [실험표 13-1]에 따라 R_1의 저항값을 변화시키면서 전압 V_a와 V_o를 측정하시오.

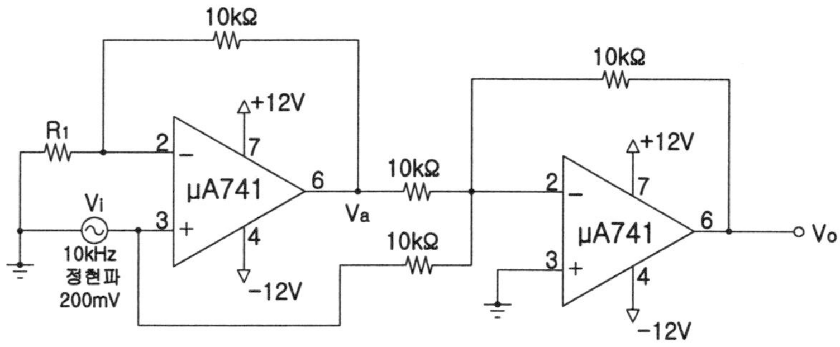

[그림 13-4] 가산기 실험 회로도

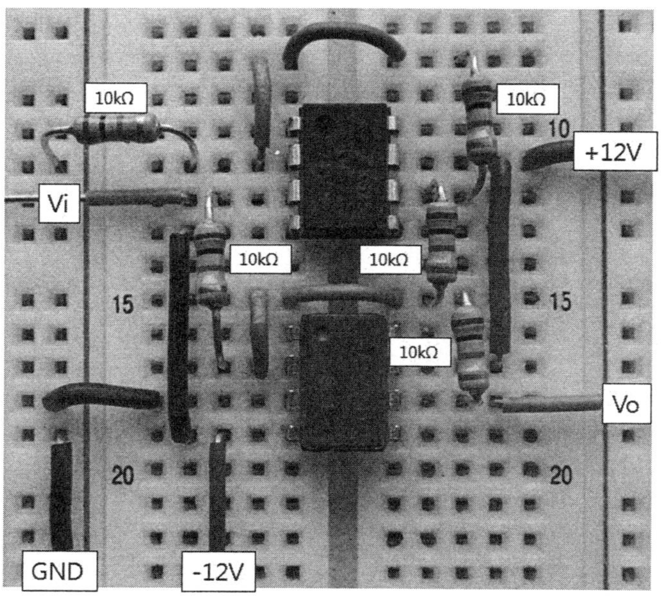

[그림 13-5] 회로 배선 참조도

(2) [그림 13-6]과 같이 적분기 회로를 구성하고, [실험표 13-2]에 따라 구형파의 주파수를 바꾸어 출력전압 V_o를 측정하시오. 회로도에서 콘덴서 10 μF은 입력전압 성분 중에서 직류 성분을 제거하는 역할을 하며, 피이드백 저항 100kΩ은 출력에 AC성분만 남게 하기 위한 역할을 한다.

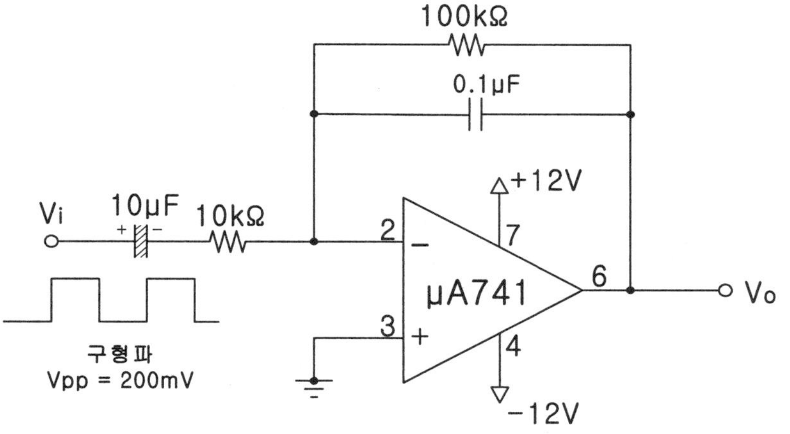

[그림 13-6] 적분기 실험 회로도

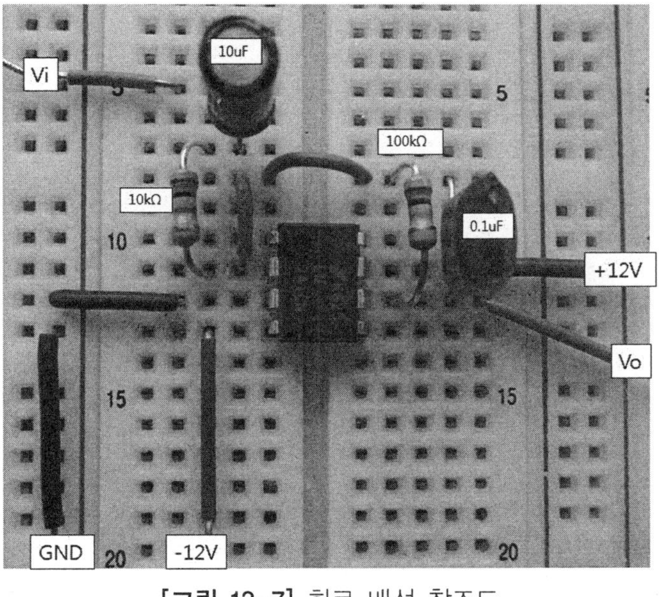

[그림 13-7] 회로 배선 참조도

(3) [그림 13-8]과 같이 미분기 회로를 구성하고, [실험표 13-3]에 따라 삼각파의 주파수를 바꾸어 출력전압 V_o를 측정하시오.

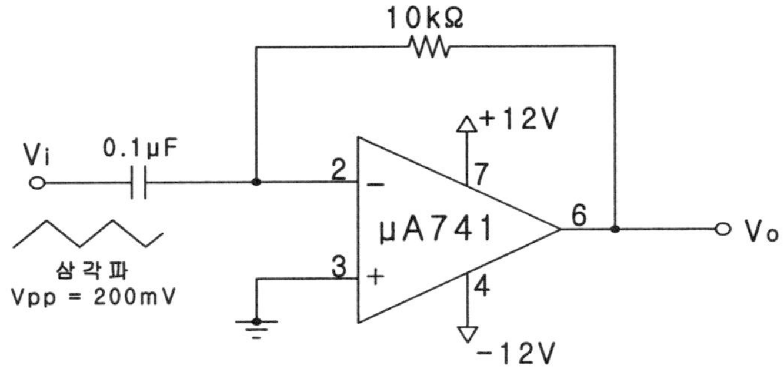

[그림 13-8] 미분기 실험 회로도

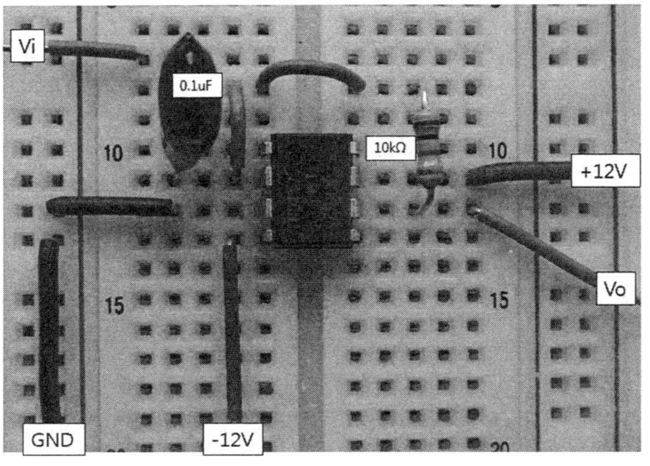

[그림 13-9] 회로 배선 참조도

5. 실험결과 및 고찰

(1) [실험표 13-1]의 이론값과 실험값의 결과에 대해 서술하시오.

(2) [실험표 13-2]의 결과에 따라 입력 구형파의 주파수와 출력전압과의 관계를 설명하시오.

(3) [실험표 13-3]의 결과에 따라 입력 삼각파의 주파수와 출력전압과의 관계를 설명하시오.

실험 13 실험 결과 보고서

실험일자	20 년 월 일	학 과	공학과	학 년	
학 번		이 름		실험조	
등 급				확인	

실험제목 : 연산증폭기의 응용

1. 실험순서에 따라 다음 각 항의 해당란에 실험결과를 기록하시오.

[실험표 13-1] 가산기 실험결과

R_1 [kΩ]	V_a [mV] 이론값	V_o [mV] 이론값	V_a [mV] 실험값	V_o [mV] 실험값
5.1				
10				
20				
30				

[실험표 13-2] 적분기 실험결과

구형파주파수	출력 V_o 파형
100Hz	
250Hz	
500Hz	
1KHz	

[실험표 13-3] 미분기 실험결과

삼각파 주파수	출력 V_o 파형
100Hz	
250Hz	
500Hz	
1KHz	

2. 실험결과 및 고찰

(1) [실험표 13-1]의 이론값과 실험값의 결과에 대해 서술하시오.

(2) [실험표 13-2]의 결과에 따라 입력 구형파의 주파수와 출력전압과의 관계를 설명하시오.

(3) [실험표 13-3]의 결과에 따라 입력 삼각파의 주파수와 출력전압과의 관계를 설명하시오.

실험 14 BJT를 이용한 비안정 멀티바이브레이터

1. 실험 목적

(1) BJT를 이용한 비안정 멀티바이브레이터의 동작을 이해한다.

(2) 비안정 멀티바이브레이터의 출력 파형과 발진 주파수를 측정한다.

2. 기본 이론

멀티바이브레이터(multi-vibrator)는 안정상태의 수에 따라 3가지로 분류되는데, 안정상태가 없는 비안정(astable) 멀티바이브레이터, 한쪽 상태가 안정한 단안정(monostatble) 멀티바이브레이터, 그리고 안정상태가 두 가지 상태인 쌍안정(bistable) 멀티바이브레이터가 있다. 이들 중 비안정 멀티바이브레이터는 전자회로의 발진회로로 자주 사용되며, 여기서는 두 개의 트랜지스터를 결합한 비안정 멀티바이브레이터의 동작에 대해 실험하기로 한다.

[그림 14-1]은 npn 트랜지스터를 사용한 콜렉터 결합 멀티바이브레이터 회로를 나타내며, TR_1, TR_2의 베이스는 각각 R_2, R_1에 의해 바이어스 되며, TR_1 콜렉터의 전압변화는 TR_2의 베이스 쪽 C_1으로 결합되고, TR_2 콜렉터의 전압변화는 TR_1의 베이스 쪽 C_2로 결합된다. 이 RC 결합 발진기에서 C_1과 C_2는 발진을 유지하기 위해 출력을 궤환(feedback) 시키는 역할을 한다.

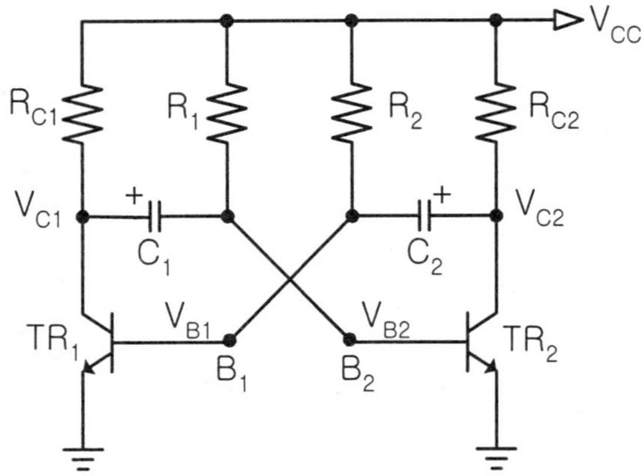

[그림 14-1] 콜렉터 결합 멀티바이브레이터

[그림 14-1]의 동작원리를 살펴보면 다음과 같다. 전원을 가했을 경우, TR_1 은 Off 상태, TR_2는 On 상태라고 가정하자. 그리고 콘덴서 C_1의 전하는 대부분 방전되어 있고, C_2의 전하는 $+V_{CC}$로 충전되어 있다고 하자. 콘덴서 C_1은 [그림 14-2a]에서와 같이 $+V_{CC}$ -> R_{C1} -> C_1 -> TR_2의 경로로 충전되고, 콘덴서 C_2는 [그림 14-2d]에서와 같이 $+C_2$ -> TR_2 -> 접지 -> $+V_{CC}$ -> R_2 -> $-C_2$ 의 경로로 방전한다. 콘덴서 C_2의 방전으로 V_{B1}이 $-V_{CC}$로부터 $V_{CE(SAT)}$으로 되고, 콘덴서 C_1의 충전으로 V_{B2}가 $-V_{CC}$로 되면 TR_1은 On, TR_2는 Off상태로 반전되며, 이러한 과정이 반복됨으로써 2개의 TR이 교대로 On, Off를 되풀이하게 된다. [그림 14-2]는 콘덴서 C_1, C_2의 충전경로와 방전경로를 나타내며, [그림 14-3]은 비안정 멀티바이브레이터의 파형을 보여준다.

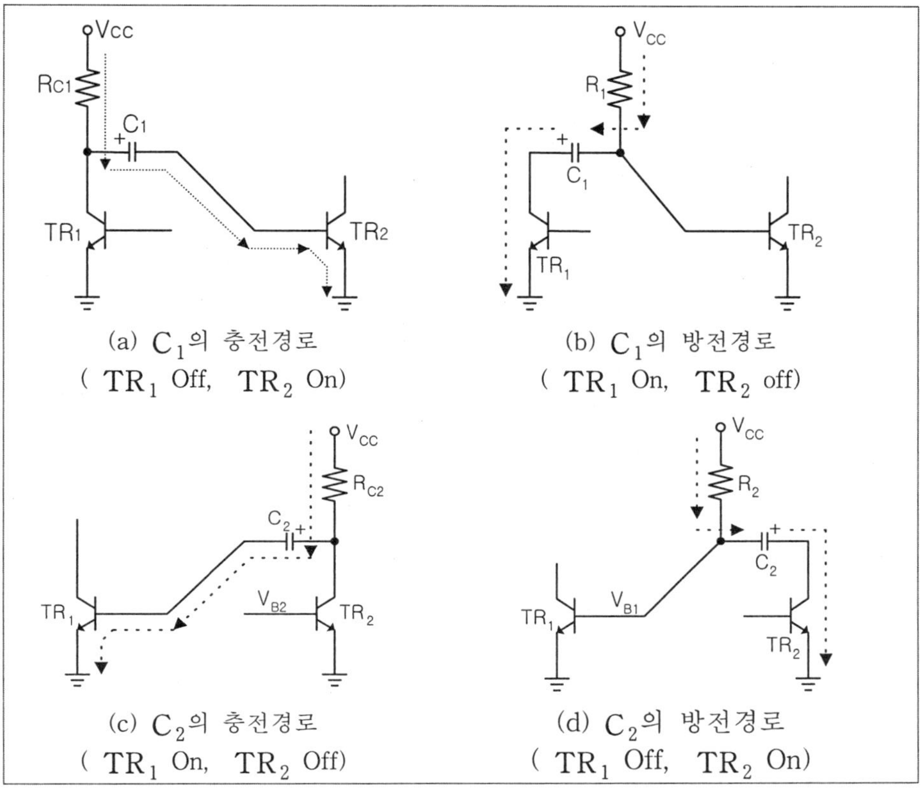

(a) C_1의 충전경로 (TR_1 Off, TR_2 On)

(b) C_1의 방전경로 (TR_1 On, TR_2 off)

(c) C_2의 충전경로 (TR_1 On, TR_2 Off)

(d) C_2의 방전경로 (TR_1 Off, TR_2 On)

[그림 14-2] 콘덴서 C_1, C_2의 충/방전 경로

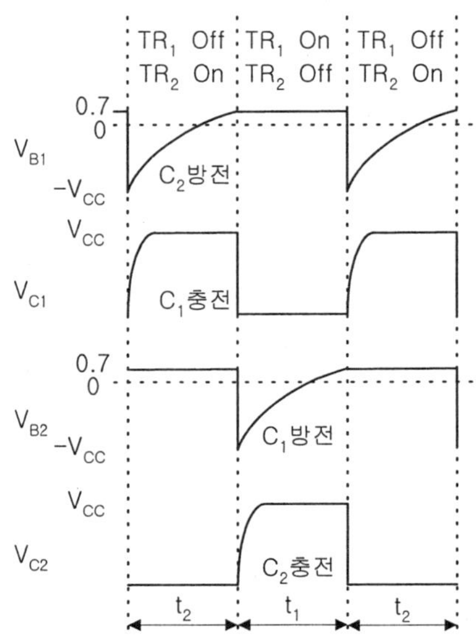

[그림14-3] 비안정 멀티바이브레이터 파형

비안정 멀티바이브레이터의 발진주파수를 알아보자. TR_1 또는 TR_2의 콜렉터에서 구형파의 주기 T는 [그림 14-3]에서 시간 간격 t_1+t_2가 된다.

$$T = t_1 + t_2 \tag{14-1}$$

$$\therefore \ f = \frac{1}{T} = \frac{1}{t_1 + t_2} \tag{14-2}$$

TR_1이 On되는 동안 콘덴서 C_1의 단자전압(방전)은

$$V_{C1}(t) = 2V_{CC}(1 - e^{-t/R_1C_1}) - V_{CC} \tag{14-3}$$

이 되며, 이를 시간 t 에 관한 식으로 바꿔 쓰면

$$t = -R_1C_1 \ln \frac{V_{CC} - V_{C1}(t)}{2V_{CC}} \tag{14-4}$$

이 된다. 따라서, $V_{C1}(t) = 0V$ 로 되는데 걸리는 방전시간 t_1은

$$t_1 = -R_1C_1 \ln \frac{1}{2} = 0.693R_1C_1 \tag{14-5}$$

이 된다. 마찬가지로 TR_2가 On되는 동안 콘덴서 C_2의 방전시간 t_2는

$$t_2 = -R_2C_2 \ln \frac{1}{2} = 0.693R_2C_2 \tag{14-6}$$

가 되며, 발진 주파수는

$$f = \frac{1}{0.693(R_1C_1 + R_2C_2)} \tag{14-7}$$

가 된다.

3. 예비 과제

(1) 비안정 멀티바이브레이터의 회로와 동작에 대해 설명하시오.

(2) 비안정 멀티바이브레이터의 발진주파수에 대한 수식을 구하고, 실험회로 [그림 14-4]에 대한 발진주기와 발진주파수를 구하시오.

4. 실험 방법

4.1 사용기기 및 부품

기기 : 전원 공급기, 오실로스코프

부품 : 저항 - 10kΩ 2개, 4.7kΩ, 47kΩ, 100kΩ 2개

콘덴서 - 0.01μF 2개

트랜지스터 - 2SC1815 2개

4.2 실험 순서

(1) [그림 14-4]의 회로를 구성하시오.

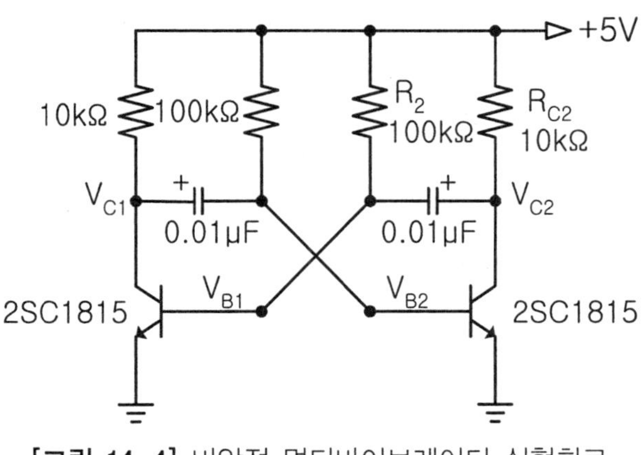

[그림 14-4] 비안정 멀티바이브레이터 실험회로

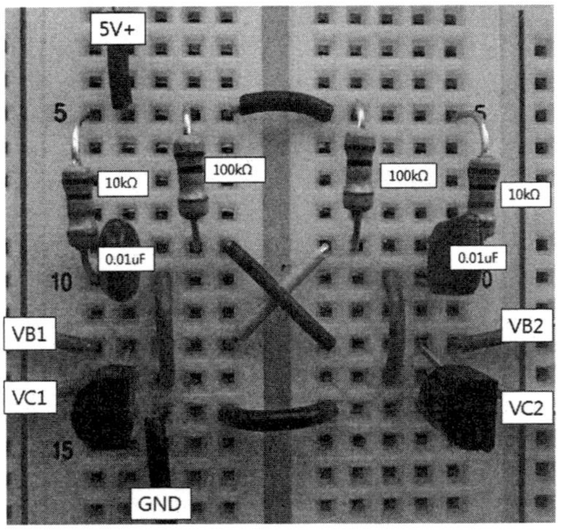

[그림 14-5] 회로 배선 참조도

(2) 오실로스코프를 사용하여 V_{B1}과 V_{C1}, V_{C1}과 V_{B2}, V_{B2}와 V_{C2}의 파형을 비교 관찰하여 [실험표 14-1]에 파형을 그리시오.

(3) 발진 주기와 발진 주파수를 측정하여 [실험표 14-2]에 기록하시오.

(4) 계산에 의한 발진 주기와 발진 주파수를 [실험표 14-2]에 기록하시오.

5. 실험 결과 및 고찰

(1) [그림 14-4]에서 R_{C2}저항을 4.7kΩ으로 하였을 때의 출력파형에 어떤 변화가 있는지 V_{C1}과 V_{C2}를 비교 조사하시오.

(2) [그림 14-4]에서 R_2저항을 47kΩ으로 하였을 때의 출력파형에 어떤 변화가 있는지 V_{B1}과 V_{B2}를 비교 조사하시오.

실험 14 실험 결과 보고서

실험일자	20 년 월 일	학 과	공학과	학 년	
학 번		이 름		실험조	
등 급				확인	

실험제목 : BJT를 이용한 비안정 멀티바이브레이터

1. V_{B1}, V_{C1}, V_{B2}, V_{C2}의 파형을 그려라.

[실험표 14-1] 비안정 멀티바이브레이터의 파형

	파 형
TR_1 베이스 V_{B1}	
TR_1 콜렉터 V_{C1}	
TR_2 베이스 V_{B2}	
TR_2 콜렉터 V_{C2}	

2. 발진 주기와 발진 주파수의 계산값과 측정값을 기록하시오.

[실험표 14-2] 발진 주기 및 발진 주파수

	계산값	측정값
발진 주기 T		
발진 주파수 f		

3. 실험결과 및 고찰

(1) [그림 14-4]에서 R_{C2}저항을 4.7kΩ으로 하였을 때의 출력파형에 어떤 변화가 있는지 V_{C1}과 V_{C2}를 비교 조사하시오.

(2) [그림 14-4]에서 R_2저항을 47kΩ으로 하였을 때의 출력파형에 어떤 변화가 있는지 V_{B1}과 V_{B2}를 비교 조사하시오.

실험 15 IC를 이용한 비안정 멀티바이브레이터

1. 실험 목적

(1) 555 타이머로 구성되는 비안정 멀티바이브레이터의 동작을 이해한다.

(2) 비안정 멀티바이브레이터의 출력 파형과 발진 주파수를 측정한다.

2. 기본 이론

IC 555는 발진기나 타이머로 자주 사용되며, 8개의 핀을 갖는 범용 IC로서 내부에는 비교기로 사용되는 두 개의 연산증폭기와 1개의 플립플롭, 기준전압을 제공하는 전압분배 저항들을 구성회로로 가지고 있다. [그림 15-1]은 555 타이머에 대한 블록도를 나타내며, 위쪽의 비교기는 비반전 입력단자에 문턱전압(threshold)을 반전 입력단자에 제어전압(control)을 각각 입력하도록 구성되어 있다. 문턱전압이 제어전압보다 클 때는 비교기의 출력이 'high'가 되어 SR－플립플롭의 S입력도 'high'가 되며, 플립플롭의 Q는 'high', $\overline{Q}$는 'low'를 출력한다. 제어전압은 대부분 외부전압을 연결하지 않고 바이패스 콘덴서를 통해 접지점에 연결하여 사용하며, 내부 전압분배기에 의하여 $2V_{CC}/3$가 된다.

한편 아래쪽 비교기의 비반전 입력단자는 $V_{CC}/3$로 고정되어 있고, 반전 입력은 트리거(trigger)핀에 연결되어 있다. 트리거 입력이 $V_{CC}/3$보다 낮아지면 비교기의 출력이 'high'가 되며, 플립플롭의 R입력 단자 값이 'high'가 되어 플립플롭의 출력 Q는 'low', $\overline{Q}$는 'high'가 출력된다.

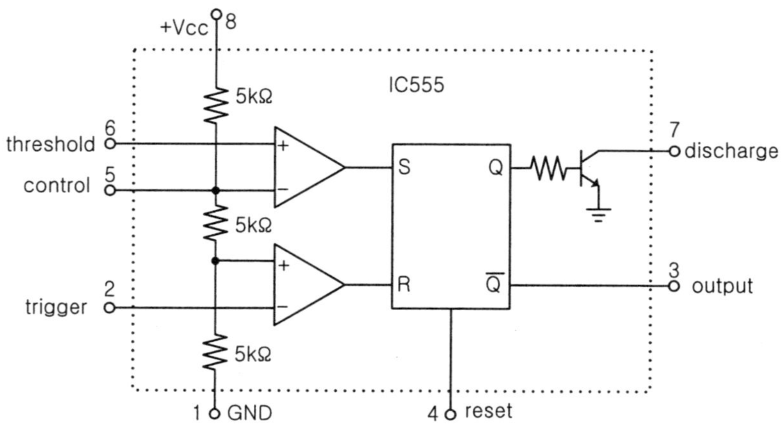

[그림 15-1] IC 555 타이머 블록도

플립플롭의 Q출력에 연결된 방전 트랜지스터의 콜렉터는 방전 핀(7번 핀)에 연결되어 있으며, 이 핀은 외부 타이밍 콘덴서 C와 연결되는데 플립플롭의 Q출력에 따라 트랜지스터가 On 또는 Off 되고, 이 때 콘덴서는 전압을 방전 또는 충전하게 된다. 플립플롭의 반전 출력 $\overline{Q}$는 3번 핀에 연결되어 구형파를 출력하며, 4번의 외부 리셋 핀은 보통 동작전원에 연결하여 사용하지만, 이 단자의 전압을 'low'로 하면 3번 핀의 $\overline{Q}$는 강제적으로 'low'를 출력하게 된다. 1번 핀과 8번 핀은 전원 핀으로서 1번 핀은 접지되고, 8번 핀에는 4.5-16V의 동작전원이 입력된다.

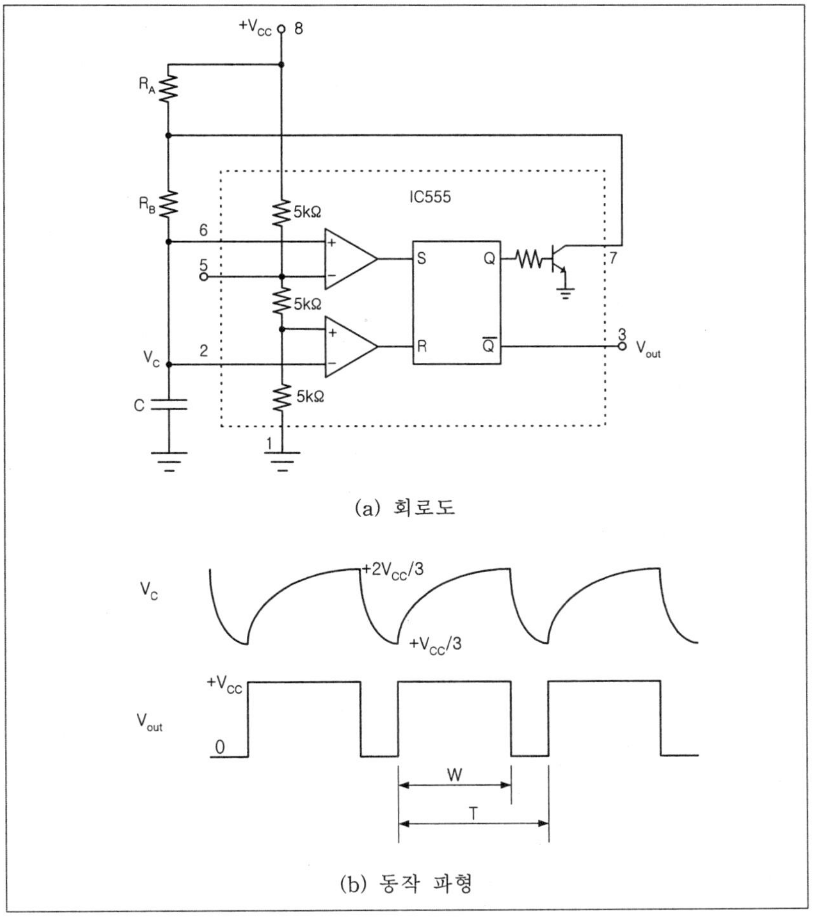

[그림15-2] 비안정 멀티바이브레이터

[그림 15-2(a)]는 555 타이머가 비안정 멀티바이브레이터로 동작하는 회로를 나타낸다. 문턱전압 입력 핀(6번 핀)과 트리거 입력 핀(2번 핀)은 함께 묶여 타이밍 콘덴서 C에 연결되어 있으며, 이 핀들은 저항 R_B를 통하여 방전 핀(7번 핀)과 연결된다. 플립플롭의 출력 Q가 'low'일 때 트랜지스터는 Off되고, 콘덴서 C에는 V_{CC}의 전원이 R_A와 R_B를 통하여 충전된다. 이 때의 충전 시정수는 $(R_A+R_B)C$가 되며, 콘덴서가 충전됨에 따라 6번 핀의 문턱전압이 상승되고 결과적으로 $2V_{CC}/3$보다 높아지면 위쪽 비교기의 출력이 'high'가 되어 플립플

롭을 셋시켜 Q에 'high'($\overline{Q}$는 'low')를 출력한다. Q가 'high'이면 트랜지스터는 On이 되어 포화되므로 핀7은 'low'전압이 되고 콘덴서의 전압은 저항 R_B와 트랜지스터를 통해서 방전된다. 이 때의 방전 시정수는 R_BC가 되며, 방전이 계속되어 콘덴서의 전압이 $V_{CC}/3$보다 낮아지면 아래쪽의 비교기 출력이 'high'가 되어 플립플롭을 리셋시켜 Q는 'low'($\overline{Q}$는 'high')를 출력한다. Q가 'low'이면 트랜지스터는 Off되어 콘덴서에는 다시 V_{CC}의 전원이 R_A와 R_B를 통해 충전되기 시작한다.

[그림 15-2(b)]와 같이 콘덴서에 걸리는 전압 V_C는 지수 함수적으로 전압을 충전 및 방전하며, 출력전압 V_{out}은 구형파가 된다. 이 경우 충전시간이 방전시간보다 길기 때문에 구형파는 대칭적이 아니며, 충전이 되고 있는 'high' 상태가 방전이 되는 'low' 상태보다 길다. 펄스의 대칭성을 나타내는 듀티 사이클(duty cycle) D는 양의 펄스폭 W에 대한 펄스폭 T의 비율을 나타내며, 다음과 같이 정의된다.

$$D = \frac{W}{T} \times 100\% \qquad (15\text{-}1)$$

비안정 멀티바이브레이터에서 출력 펄스의 듀티 사이클은 저항 R_A와 R_B에 의해 결정된다. 콘덴서 양단의 충전 및 방전에 대한 식을 수학적으로 풀게 되면, 출력이 'high'로 유지되는 시간 t_H는 C의 단자 전압이 R_A와 R_B를 통하여 $V_{CC}/3$에서 $2V_{CC}/3$로 충전되는 데 걸리는 시간으로 다음과 같다.

$$t_L = 0.693(R_A + R_B)C \qquad (15\text{-}2)$$

출력이 'low'로 유지되는 시간 t_L은 C의 단자 전압이 R_B를 통해 $2V_{CC}/3$에서 $V_{CC}/3$로 방전되는데 걸리는 시간으로 다음 식으로 주어진다.

$$t_L = 0.693 R_B C \tag{15-3}$$

따라서, 주기는 $T = t_H + t_L = 0.693(R_A + 2R_B)C$ 이 되므로 듀티 사이클은 다음 식으로 표현된다.

$$D = \frac{R_A + R_B}{(R_A + 2R_B)} \times 100 \ [\%] \tag{15-4}$$

그리고, 출력구형파의 발진주파수는 다음 식으로 구해진다.

$$f = \frac{1.44}{(R_A + 2R_B)C} \tag{15-5}$$

[그림 15-3]은 555 타이머가 비안정 멀티바이브레이터로 동작하는 회로를 나타낸다. 전압조절 핀(5번)은 콘덴서를 통하여 접지로 바이패스 되고 있으며, 리셋 핀(4번)은 전원에 연결된다.

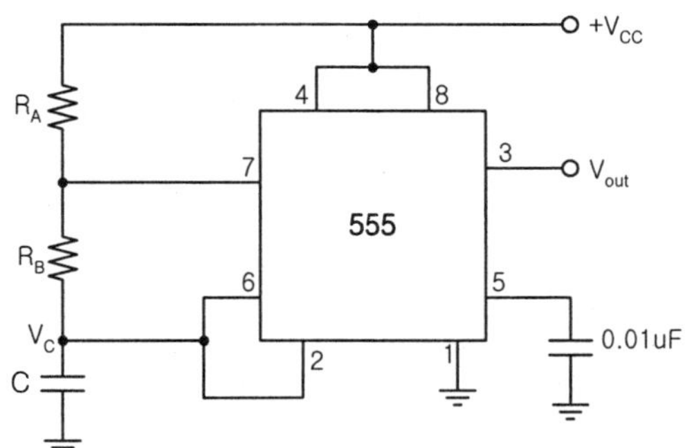

[그림 15-3] 비안정 멀티바이브레이터

3. 예비 과제

(1) 555타이머 IC에 대해 설명하시오.

(2) 비안정 멀티바이브레이터의 회로도에서 외부 타이밍 콘덴서 C에 충·방전되는 시간을 나타내는 식(15-2)와 식(15-3)의 식을 유도하시오.

4. 실험 방법

4.1 사용기기 및 부품

기기 : 전원 공급기, 오실로스코프

부품 : 저항 - 10kΩ 2개, 100kΩ

콘덴서 - 0.01μF 2개, 0.1μF

능동소자 - 555 타이머 IC

4.2 실험 순서

(1) [실험표 15-1]의 각 저항값 및 콘덴서에 대하여 [그림 15-3]의 회로에서의 발진 주파 수 및 듀티 사이클을 계산하여 f_{cal} 열과 D_{cal} 열에 각각 기록하시오.

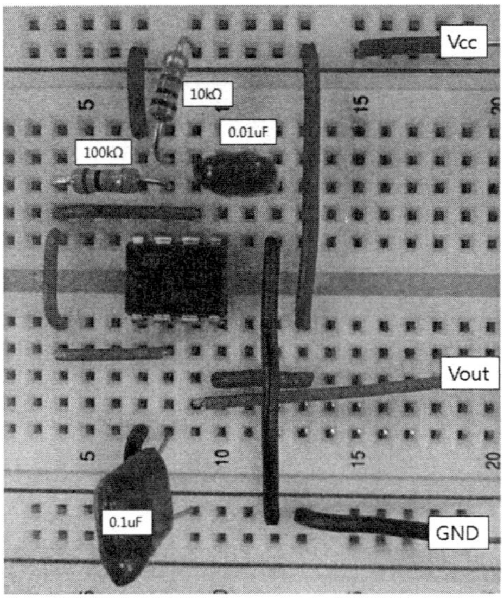

[그림 15-4] 회로 배선 참조도

(2) R_A=10kΩ, R_B=100kΩ, C=0.01uF을 사용하여, [그림 15-3]의 회로를 구성하시오. 그리고 전원전압 V_{CC}에 +5V를 인가하시오.

(3) 555의 출력파형을 관찰하여 발진주파수와 듀티 사이클을 측정하여 [실험표 15-1]의 f_{mea} 열과 D_{mea} 열에 각각 기록하시오.

(4) 타이밍 콘덴서 C 양단의 파형과 555의 출력 파형을 오실로스코프로 동시에 보이게 하고 전압파형을 그리시오. 전압의 크기 및 상승 하강 시간에 유의하여 파형을 그리시오.

(5) [실험표 15-1]의 다른 저항값과 콘덴서 값에 대해서도 실험순서 (2)~(4)를 반복하시오.

4. 실험 결과 및 고찰

(1) 비안정 멀티바이브레이터에서 R_A/R_B의 증가는 듀티 사이클에 어떤 영향을 주는지 측정결과를 이용하여 설명하시오.

(2) 타이밍 콘덴서를 증가시키는 것은 비안정 멀티 바이브레이터의 동작에 어떤 영향을 주는지 설명하시오.

Memo

실험 15 실험 결과 보고서

실험일자	20 년 월 일	학 과	공학과	학 년	
학 번		이 름		실험조	
등 급				확인	

실험제목 : IC를 이용한 비안정 멀티바이브레이터

1. 실험순서에 따라 다음 각 항의 해당란에 실험결과를 기록하시오.

[실험표 15-1] 발진주파수 및 듀티 사이클

R_A, kΩ	R_B, kΩ	C, μF	f_{cal}	D_{cal}	f_{mea}	D_{mea}
10	100	0.01				
10	100	0.1				
100	10	0.01				
100	10	0.1				
10	10	0.01				
10	10	0.1				

2. 실험순서(4)에 대한 출력파형을 그리시오.

(1) R_A=10kΩ, R_B=100kΩ, C=0.01μF

(2) R_A=10kΩ, R_B=100kΩ, C=0.1μF

(3) R_A=100kΩ, R_B=10kΩ, C=0.01μF

(4) R_A=100kΩ, R_B=10kΩ, C=0.1μF

(4) R_A=10kΩ, R_B=10kΩ, C=0.01μF

(6) R_A=10kΩ, R_B=10kΩ, C=0.1μF

3. 실험결과 및 고찰

(1) 비안정 멀티바이브레이터에서 R_A/R_B의 증가는 듀티 사이클에 어떤 영향을 주는지 측정결과를 이용하여 설명하시오.

(2) 타이밍 콘덴서를 증가시키는 것은 비안정 멀티바이브레이터의 동작에 어떤 영향을 주는지 설명하시오.

Memo

부록

장비 사용법

1. 전원공급기(VS-220Q)

1.1 버튼 및 단자 기능

직류 전원을 공급하는 장치로서, 2개의 고정전압과 2개의 가변전압을 출력할 수 있다. [그림 1-1]은 전원공급기의 전면 판넬을 보여주며, 버튼 및 단자의 기능은 [표 1-1]과 같다.

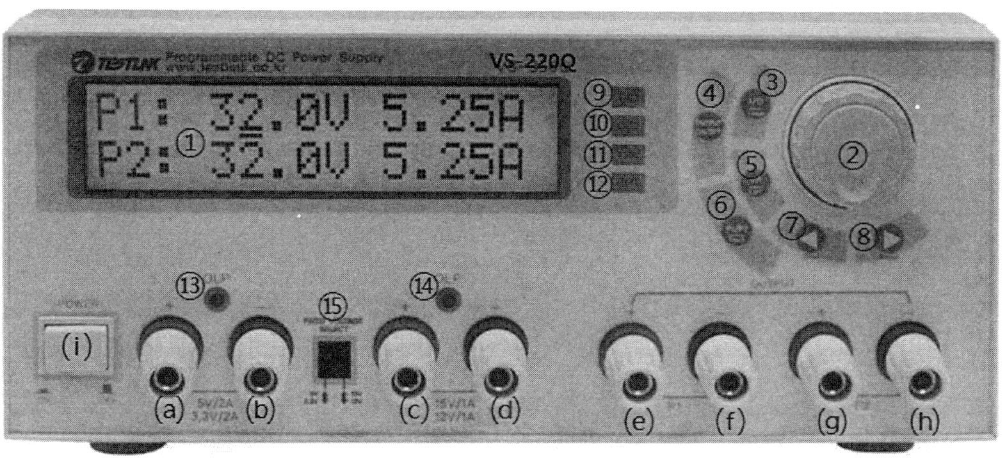

[그림 1-1] 전원공급기 전면 판넬

[표 1-1] 전원공급기 버튼 및 단자 기능

번호	기능	번호	기능
①	LCD(전압 전류 및 메시지 표시)	⑬	고정 출력전압1의 Over Load Protection 램프
②	전압/전류 조정 다이얼	⑭	고정 출력전압2의 Over Load Protection 램프
③	I/O 또는 LOCAL 스위치(사용 안함)	⑮	고정 출력 전압1(5V/3.3V, 2A)과 고정 출력전압2(12V/15V, 2A) 선택 스위치
④	P1, P2채널 전압 & 전류 출력/차단 스위치	(a)	고정 출력전압1의 (+) 출력단자
⑤	전압/전류 선택 스위치	(b)	고정 출력전압1의 (-) 출력단자
⑥	출력 채널 선택(P1 또는 P2) 스위치	(c)	고정 출력전압2의 (+) 출력단자
⑦	전압/전류 변경 자리 이동 스위치(좌)	(d)	고정 출력전압2의 (-) 출력단자
⑧	전압/전류 변경 자리 이동 스위치(우)	(e)	가변 채널 P1의 (+) 출력단자
⑨	P1채널 정전류 모드 지시 램프 (off시 정전압 상태)	(f)	가변 채널 P1의 (-) 출력단자
⑩	P2 채널 정전류 모드 지시 램프 (off시 정전압 상태)	(g)	가변 채널 P2의 (+) 출력단자
⑪	P1, P2 채널 Tracking 모드 지시 램프	(h)	가변 채널 P2의 (-) 출력단자
⑫	Remote Interface 모드 지시 램프 (사용안함)	(i)	메인 전원 ON/OFF 스위치

1.1 사용법

(1) 전원 스위치를 ON 시키면 LCD에 다음과 같은 초기화면이 표시된다.

- LCD : "** OUTPUT **" 표시 출력
- 커서 위치 : 전압 선택
- 출력 전압 : 0V
- 출력 전류 : 제한 설정 최대값

(2) 사용하고자 하는 전압을 설정한 후 준비된 회로에 전원을 연결한다.

◉ 5V 또는 3.3V 전압 사용 시 : 고정 출력전압1 (a), (b) 출력단자 이용

◈ 12V 또는 15V 전압 사용 시 : 고정 출력전압2 (c), (d) 출력단자 이용

▣ 그 이외의 전압 사용 시 : P1 또는 P2 채널 출력단자 이용

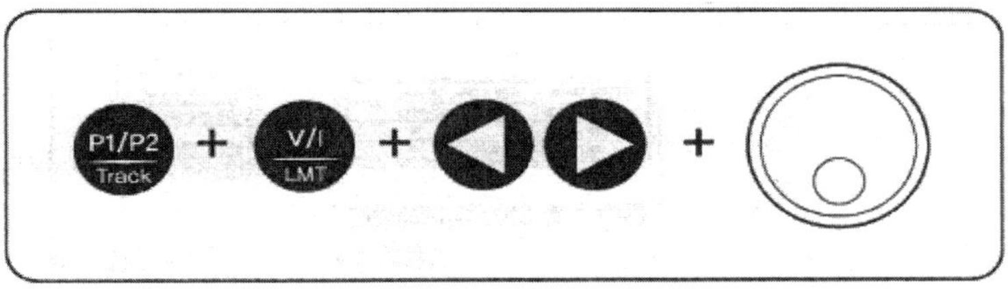

- 전원 스위치를 ON 시킨 후 LCD에 "** OUTPUT OFF **"가 표시되는지 확인한다.
- LCD의 커서를 확인하면서  스위치를 눌러 출력 채널을 선택한다.
- V/I 및 LMT 스위치  스위치를 눌러 설정모드로 전환한다.
- 전압 또는 전류는  스위치를 한 번 더 눌러 선택할 수 있다.
- 커서 스위치 를 이용하여 증가 또는 감소시킬 자리를 선택한다.
- 설정값을 증가시키기 위해 시계 방향으로 조절 다이얼 를 회전시키고, 감소시키기 위해서는 반시계 방향으로 조절 다이얼 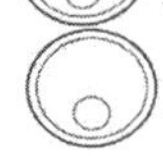를 회전시켜 조정한다.
- LCD에 원하는 설정값이 표시되는지 확인한다.
- 채널에 맞는 출력단자[P1채널 : (e), (f), P2 채널 : (g), (h))]를 회로에 연결한다.

(3) 설정한 전압 및 전류를 출력하기 위해 OUTPUT ON/OFF 스위치 ④번을 눌러준다.

2. 디지털 멀티미터(TD-45)

디지털 멀티미터는 저항, 전압, 전류 등을 측정할 수 있는 장치로서, [그림 2-1]은 디지털 멀티미터의 전면 판넬을 보여준다.

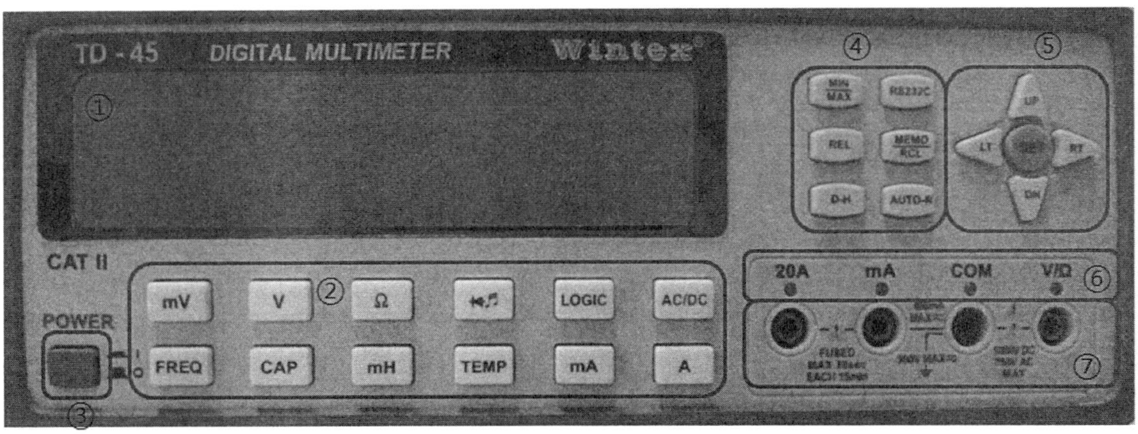

[그림 2-1] 디지털 멀티미터 전면 판넬

① LCD 표시창	② 기능 버튼	③ 전원 버튼
④ 특수기능버튼	⑤ 상하좌우 이동 버튼	⑥ LED 표시등
⑦ 입력 단자		

2.1 버튼 및 단자 기능

(1) 전원 버튼

버튼을 누름에 따라 ON/OFF 된다.

(2) 기능버튼

측정하려고 하는 기능을 선택하는 버튼이고, 버튼을 누르면 해당 기능이 LCD 표시창에 표시된다.

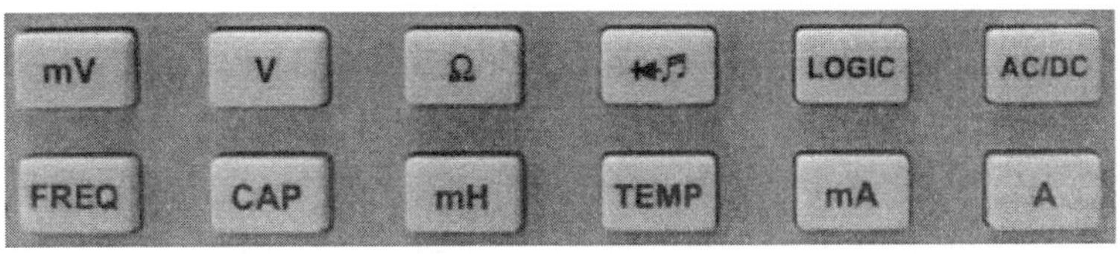

mV : 미리볼트(mV) 전압 측정
V : 전압(volt) 측정
Ω : 저항 측정
(다이오드/도통 버튼) : 다이오드 및 도통 측정
LOGIC : 로직 측정
AC/DC : 직류/교류 선택
FREQ : 주파수 측정
CAP : 콘덴서 측정
mH : 코일 용량 측정
TEMP : 온도 측정
mA : 미리암페어(mA) 전류 측정
A : 전류(Ampere) 측정

[그림 2-2] 기능 버튼

(3) 특수 기능 버튼

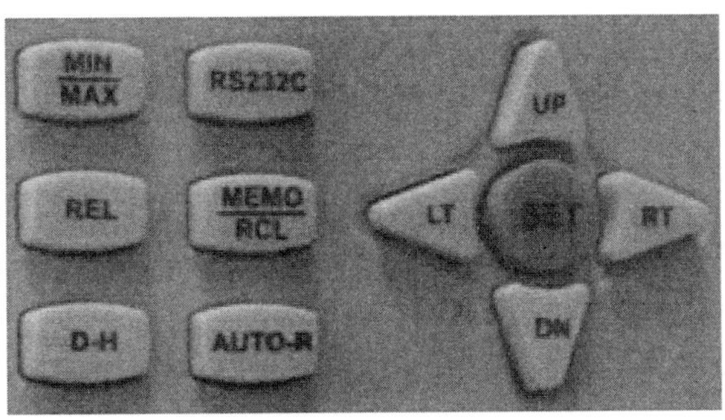

[그림 2-3] 특수 기능 버튼

- **LT, RT** : 디지트(Digit) 조정시 사용
- **UP, DN** : 0~9까지 숫자 조정시 사용
- **AUTO-R** : 자동측정/수동측정 방식 선택

기본적으로는 자동(AUTO)으로 측정하여 측정값을 표시하도록 되어 있으나, 이 버튼을 누르면 왼쪽 상단에 "R-H"가 표시되어 UP 버튼과 DN 버튼으로 소수점 자리를 선택할 수 있어 측정하는 값의 범위를 수동으로 설정할 수 있다.

· MIN/MAX : 측정값의 최소/최대값을 비교할 수 있도록 보조창에 표시

측정치의 최대값이나 최소값을 보조 표시창(표시창 윗부분)에 표시하는 기능이며, 이 버튼을 누르면 "MIN"과 "MAX"가 차례로 표시된다. 측정치의 최소값을 표시하려면 이 버튼을 눌러 "MIN"이 표시될 때 SET 버튼을 누르면 되며, 측정치의 최대 값을 표시하려면 이 버튼을 눌러 "MAX"가 표시될 때 SET 버튼을을 누르면 된다. 이 기능을 해제하려면 이 버튼을 2초 정도 누르면 된다.

· D-H : 측정한 값을 보조 표시창에 고정 표시

이 버튼은 현재 표시된 측정값을 고정해서 보조 표시창에 표시하는 기능이며, 해제하려면 2초 이상 이 버튼을 눌러주면 된다.

· REL : 측정한 값을 비교 계산할 수 있도록 보조 표시창에 표시하는 기능

이 버튼을 누른 후 LT, RT 버튼으로 자리 선택과 UP, DN 버튼으로 숫자를 마지막 비트까지 입력후 SET 버튼을 누른다. 그러면 보조 표시창에 비교하여야 할 값이 표기되고 이후 지동으로 현재 측정값에 대한 비교 계산을 시행하여 그 차이값이 보조 표시창에 표시된다. 이 기능을 해제하려면 2초 정도 누르면 된다.

· MEMO/RCL : 측정 데이터의 저장 및 호출 기능

측정값을 10개까지 저장하거나 저장한 값을 다시 불러내는 기능이다. 측정값을 저장하는 경우에는 이 버튼을 눌러 보조 표시창에 "MEM"이 표시되게 한 후 UP, DN 버튼을 이용하여 저장 번지를 선택한 후 SET 버튼을 누르면 지정 번지에 측정값이 저장된다.

저장된 값을 불러 표시하는 경우에는 이 버튼을 눌러 보조 표시창에 "RCL"이 표시되게 한 후 UP, DN 버튼을 눌러 번지를 선택하면 지정번지의 값이 보조 표시창에 표시된다. 이 기능을 해제하려면 2초 이상 누르면 된다.

- RS232C : 측정한 자료를 컴퓨터와 연결하여 이용할 수 있는 기능

(4) 입력단자

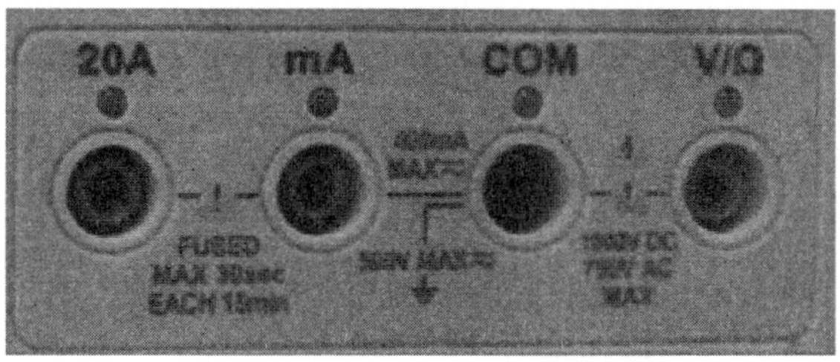

[그림 2-4] 입력 단자

- 20A : AC 또는 DC의 전류 측정 시 사용하며, 최대 20A까지 측정 가능하다.
- mA : AC 또는 DC의 전류 측정 시 사용하며, 최대 400mA까지 측정 가능하다.
- COM : 모든 측정 시 공용으로 사용하는 접지(-) 단자이다.
- V/Ω : 전압, 저항, 다이오드, 로직 측정 및 도통 검사 시 사용하는 단자(+)이다.

(5) 디지털 표시창

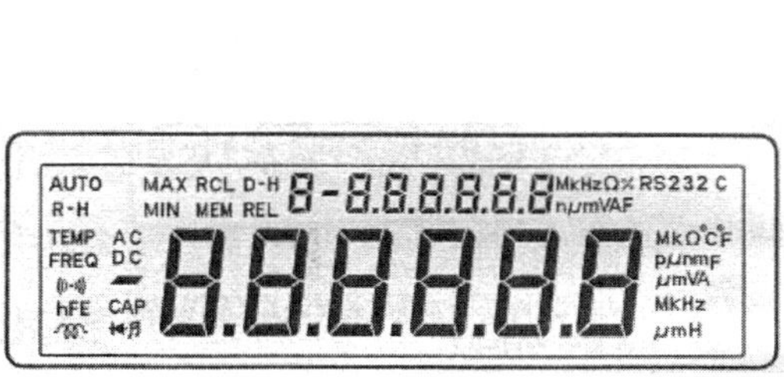

[그림 2-5] 디지털 표시창

전원을 on하면 주 표시창과 보조 표시창에 "0.00000"이 소수점과 같이 표시된다. 그러나, 입력 측정값이 표시할 수 있는 범위를 넘게 되면 표시창에 "0L"이 표시된다.

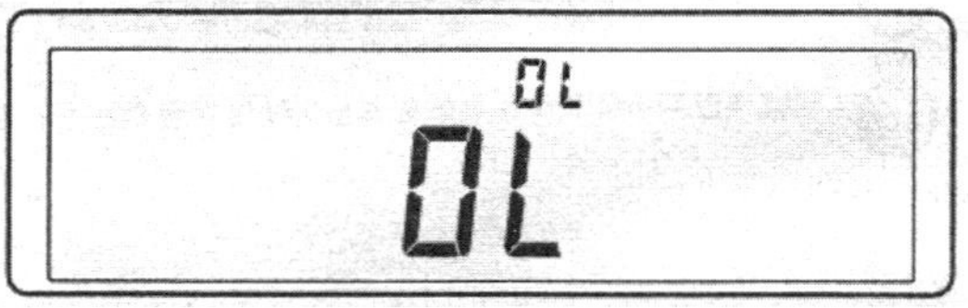

[그림 2-6] 측정 범위 초과시 표시 화면

2.2 측정하기

(1) 저항(Registance) 측정

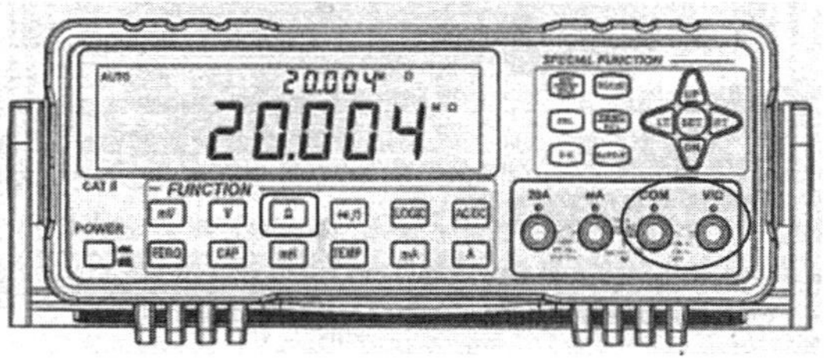

[그림 2-7] 저항 측정

- 저항을 측정하고자 하는 부품이나 회로에 전압이 입력되지 않도록 한다.
- Ω 버튼을 누른 후 검은 색 테스트 리드선은 COM 단자에 붉은 색 리드선은 V/Ω단자에 꼽은 후 테스트 리드선 양 끝을 저항 양 단자에 연결하면 된다.
- 이 때 V/Ω 단자와 COM 단자위의 LED 램프가 켜지면 테스트 리드선의 연결 상태가 올바른 것을 나타낸다.
- 만약 수동으로 사용하는 경우에는 AUTO/R 버튼을 누른 후 UP,

DN 버튼을 이용하여 측정하고자 하는 범위를 설정한다.

- 이 때 측정 범위를 모르는 경우에는 높은 값에서부터 낮추어 가며 측정한다.
- 최대 측정값은 40MΩ이다.

(2) 도통검사(Continuty)

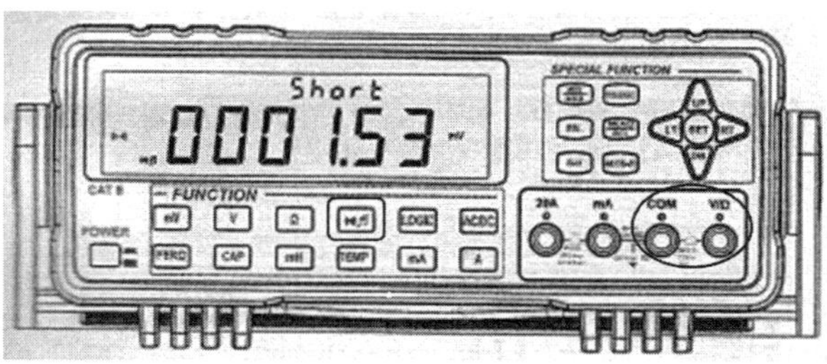

[그림 2-8] 도통 검사

- 선이나 휴즈 기타 측정물의 연결 여부를 확인하는 기능이다.
- 이 기능을 사용하기 위해 버튼을 누르고, 검은 색 테스트 리드선은 COM 단자에 붉은색 리드선은 V/Ω 단자에 꼽은 후 리드선 양끝을 검사하고자 하는 측정물의 양 끝에 연결하면 된다.
- 이 때 부저음이 울리면 연결되어 있는 상태이고, 울리지 않으면 연결이 되어 있지 않은 상태를 나타낸다.
- 이 경우 연결값이 4Ω이하이면 보조 표시창에 "short"라고 표시되고, 4Ω이상이면 "Open"이라고 표시된다.
- 이 때 V/Ω 단자와 COM 단자위의 LED 램프가 켜지면 테스트 리드선의 연결 상태가 올바른 것을 나타낸다.

(3) 직류전압 측정

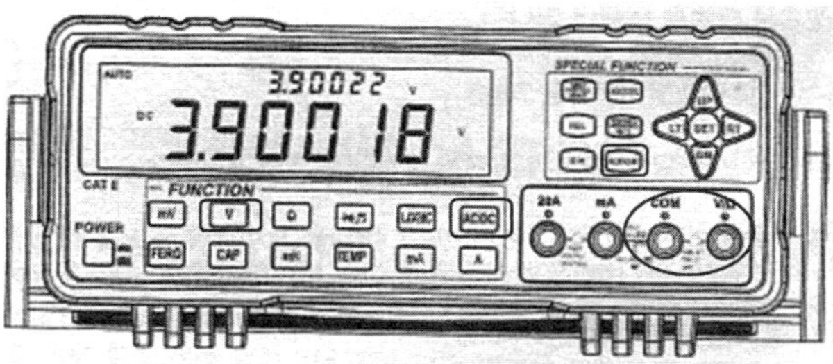

[그림 2-9] 직류전압 측정

- 자동측정 방식 선택
- V 버튼을 누른 후 AC/DC 버튼을 이용하여 DC를 선택하고, 검은 색 테스트 리드선은 COM 단자에 붉은 색 리드선은 V/Ω 단자에 각각 꼽은 후 테스트 리드선 양 끝을 측정하고자 하는 회로 위치에 연결하면 측정값이 주 표시창에 표시된다.
- 이 때 V/Ω 단자와 COM 단자 위의 LED 램프가 켜지면 테스트 리드선의 연결 상태가 올바른 것을 나타낸다.
- 음(-)의 전압이 측정된 경우에는 표시창 왼쪽에 "-"가 표시된다.
- 전압은 측정하고 싶은 위치에 병렬로 단자를 연결하여 측정한다.

(4) 교류전압 측정(교류전압 실효치)

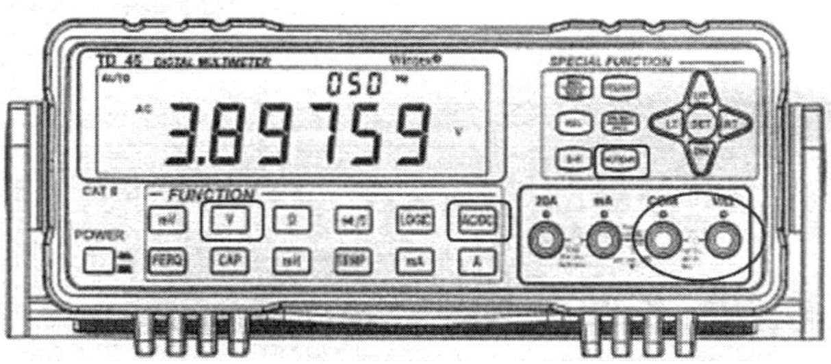

[그림 2-10] 교류전압 측정

- 자동측정 방식 선택
- V 버튼을 누른 후 AC/DC 버튼을 이용하여 AC를 선택하고, 검은 색 테스트 리드선은 COM 단자에 붉은 색 리드선은 V/Ω 단자에 꼽은 후 테스트 리드선 양 끝을 측정하고자 하는 회로 위치에 연결하면 측정값이 주 표시창에 표시된다.
- 이 때 V/Ω 단자와 COM 단자 위의 LED 램프가 켜지면 테스트 리드선의 연결 상태가 올바른 것을 나타낸다.
- 주 표시창에는 현재 측정한 값이 표시되고, 보조 표시창에는 입력신호의 주파수(40~50Hz)가 표시된다.

(5) 직류 전류 측정

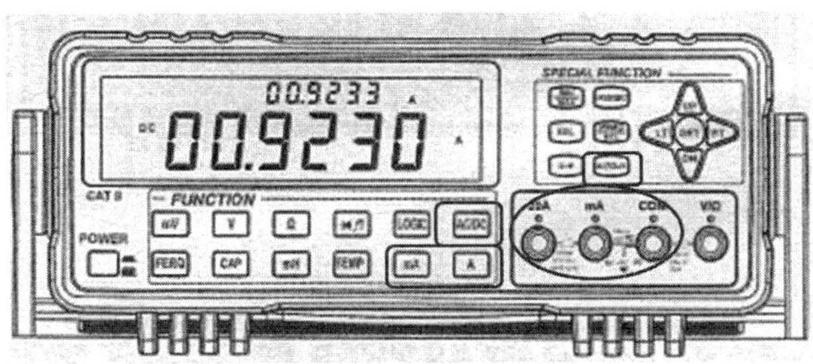

[그림 2-11] 직류전류 측정

- 자동측정 방식 선택
- A 버튼을 누른 후 AC/DC 버튼을 이용하여 DC를 선택하고, 검은 색 테스트 리드선은 COM 단자에 붉은 색 리드선은 20A단자에 꼽은 후 테스트 리드선 양 끝을 측정하고자 하는 회로 위치에 연결하면 측정값이 주 표시창에 표시된다.
- 이 때 20A 단자와 COM 단자 위의 LED 램프가 켜지면 테스트 리드선의 연결 상태가 올바른 것을 나타낸다.
- 만약 회로의 전류가 얼마인지 모르는 경우에는 우선 20A 단자에

연결하여 측정하도록 한다. mA단자의 최대 측정값은 400mA이다.

- mA를 측정할 경우에는 mA 버튼을 누른 후 검은 색 테스트 리드선은 COM 단자에 붉은 색 리드선은 mA 단자에 꼽은 후 테스트 리드선 양 끝을 측정하고자 하는 회로 위치에 연결하면 측정값이 주 표시창에 표시된다.
- 전류는 측정하고 싶은 위치에 직렬로 단자를 연결하여 측정한다.

(6) 교류 전류 측정(교류 실효치 측정)

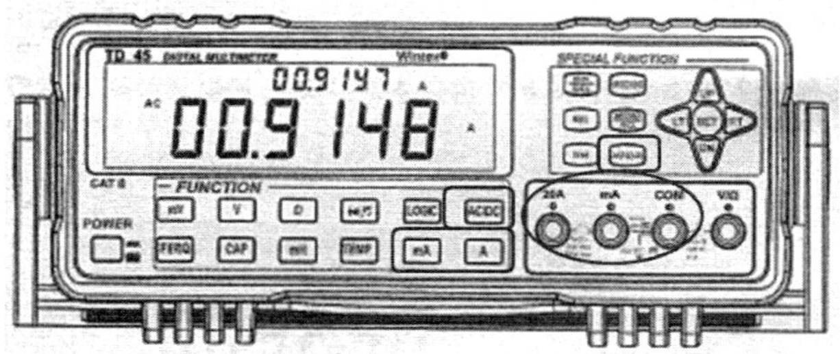

[그림 2-12] 교류전류 측정

- 자동측정 방식 선택
- A 버튼을 누른 후 AC/DC 버튼을 이용하여 AC를 선택하고, 검은 색 테스트 리드선은 COM 단자에 붉은 색 리드선은 20A단자에 꼽은 후 테스트 리드선 양 끝을 측정하고자 하는 회로 위치에 연결하면 측정값이 주 표시창에 표시된다.
- 이 때 20A 단자와 COM 단자위의 LED 램프가 켜지면 테스트 리드선의 연결 상태가 올바른 것을 나타낸다.
- mA를 측정할 경우에는 mA 버튼을 누른 후 검은 색 테스트 리드선은 COM 단자에 붉은 색 리드선은 mA 단자에 꼽은 후 테스트 리드선 양 끝을 측정하고자 하는 회로 위치에 연결하면 측정

값이 주 표시창에 표시된다.

(7) 주파수 측정

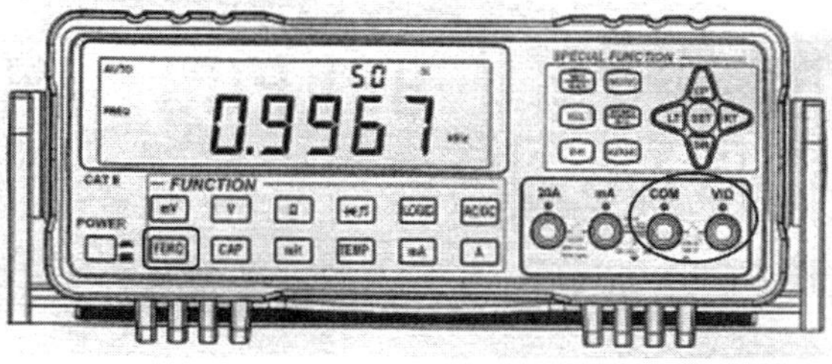

[그림 2-13] 주파수 측정

- FREQ 버튼을 누른 후 검은 색 테스트 리드선은 COM 단자에 붉은 색 리드선은 V/Ω 단자에 연결하고, 테스트 리드선 양 끝을 측정하고자 하는 회로 위치에 연결하면 측정값이 주 표시창에 표시된다.
- 이 때 V/Ω 단자와 COM 단자 위의 LED 램프가 켜지면 테스트 리드선의 연결상태가 올바른 것을 나타낸다.
- 측정범위는 10Hz~40MHz이다.
- 주 표시창에는 측정 주파수가, 보조 표시창에는 Duty비가 표시된다.

(8) 다이오드 극성 측정

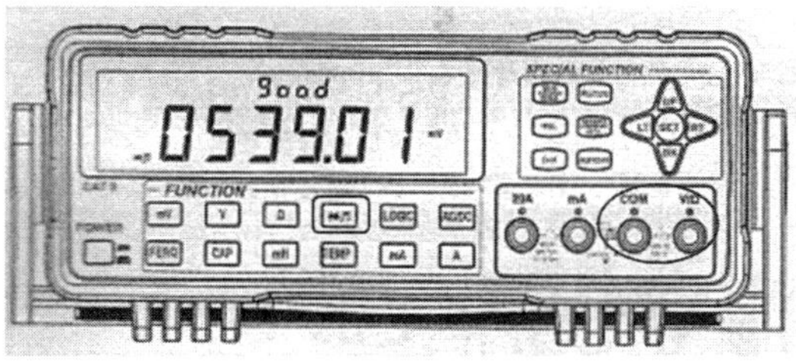

[그림 2-14] 다이오드 극성 측정

- 이 기능을 사용하기 위해  버튼을 누르면 주표시창에는 “OL”이 보조 표시창에는 ”OPEn”이라고 표시된다.
- 검은 색 테스트 리드선은 COM 단자에 붉은 색 리드선은 V/Ω 단자에 꼽은 후 검은색 리드선은 다이오드의 캐소드(Cathdoe) 부분에 붉은색 리드선은 다이오드의 애노드(Anode)에 연결하면 위와 같이 보조 표시창에 “good”이라 표시된다.
- 이 때 V/Ω 단자와 COM 단자 위의 LED 램프가 켜지면 테스트 리드선의 연결 상태가 올바른 것을 나타낸다.
- LED 테스트의 경우에는 붉은색 리드선이 애노드, 검은색 리드선이 캐소드에 연결되면 LED가 ON이 되어 불이 들어온다.

(9) 콘덴서(Capacitance) 측정

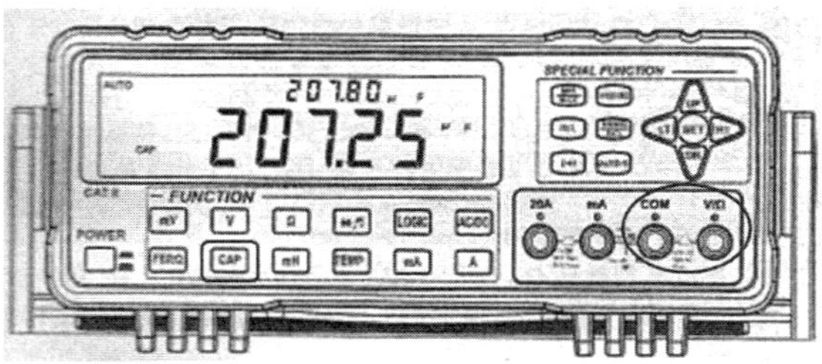

[그림 2-15] 콘덴서 측정

- 측정하기 전에 콘덴서에 충전된 전압을 반드시 방전시킨다.
- CAP 버튼을 누른 후 검은 색 테스트 리드선은 COM 단자에 붉은 색 리드선은 V/Ω 단자에 연결하고, 테스트 리드선 양 끝을 측정하고자 하는 콘덴서 양 단자에 연결한다. 극성이 있는 콘덴서의 경우에는 “-”극은 검은 테스트 리드선에, “+”극은 붉은 색 리드선에 연결한다.
- 이 때 V/Ω 단자와 COM 단자위의 LED 램프가 켜지면 테스트 리드선의 연결상태가 올바른 것을 나타낸다.

- 만약 수동으로 사용하는 경우에는 AUTO/R 버튼을 누른 후 UP, DN 버튼을 이용하여 측정하고자 하는 범위를 설정한다.
- 이 때 측정 범위를 모르는 경우에는 높은 값에서부터 낮추어 가며 측정하도록 한다.
- 측정범위는 40nF~400uF이다.

(10) 인덕턴스(Inductance) 측정하기

[그림 2-16] 인덕턴스 측정

- 전선이나 코일의 용량을 측정한다.
- mH 버튼을 누르고 검은 색 테스트 리드선은 COM 단자에 붉은 색 리드선은 V/Ω 단자에 연결한 후 테스트 리드선 양 끝을 측정하고자 하는 측정물의 양 단자에 연결하면 된다.
- 이 때 V/Ω 단자와 COM 단자 위의 LED 램프가 켜지면 테스트 리드선의 연결 상태가 올바른 것을 나타낸다.

(11) 로직 측정

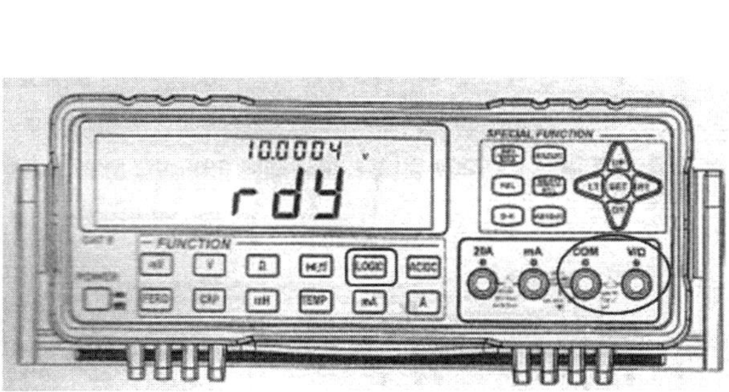

[그림 2-17] 로직 측정

- 디지털 회로의 로직을 테스트 한다.
- LOGIC 버튼을 누르면 표시창에 “rdy”가 표시된다.
- 검은 색 테스트 리드선은 COM 단자에 붉은 색 리드선은 V/Ω 단자에 연결한 후 검은색 리드선은 테스트 하고자 하는 회로의 GND에 연결하고, 붉은색 리드선은 전압을 공급하는 지점(V+)에 연결하여 SET 버튼을 눌러 High의 기준전압을 저장한다.
- 이 때 V/Ω 단자와 COM 단자위의 LED 램프가 켜지면 테스트 리드선의 연결 상태가 올바른 것을 나타낸다.
- 붉은색 리드선을 측정하고자 하는 위치에 연결하여 측정된 전압이 저장된 기준전압의 70% 이상이면 주표시창에 “Hi”(High)로 표시되고, 30% 이하이면 “Lo”(Low)로 표시된다. 측정값이 저장된 기준전압의 30%~70% 범위이면 “-----”(middle)로 표시된다.

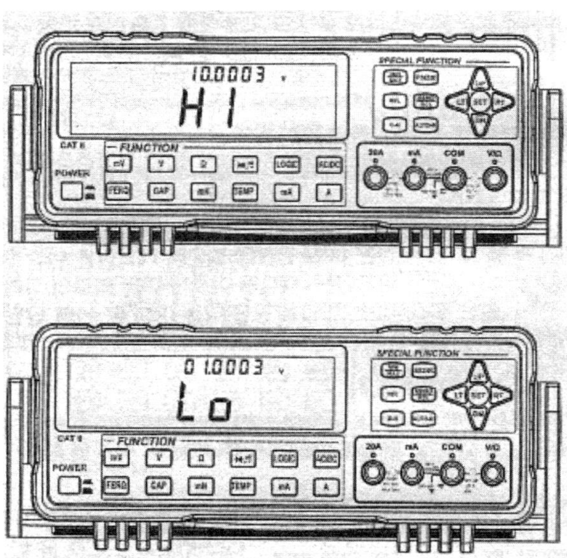

[그림 2-18] 로직 측정 결과 화면

3. 함수 발생기(DG1022)

함수 발생기는 정현파, 구형파, 삼각파 등 여러 종류의 파형을 출력하는 장치로서, [그림 3-1]은 함수 발생기의 전면 판넬을 보여준다.

3.1 버튼 및 단자 기능

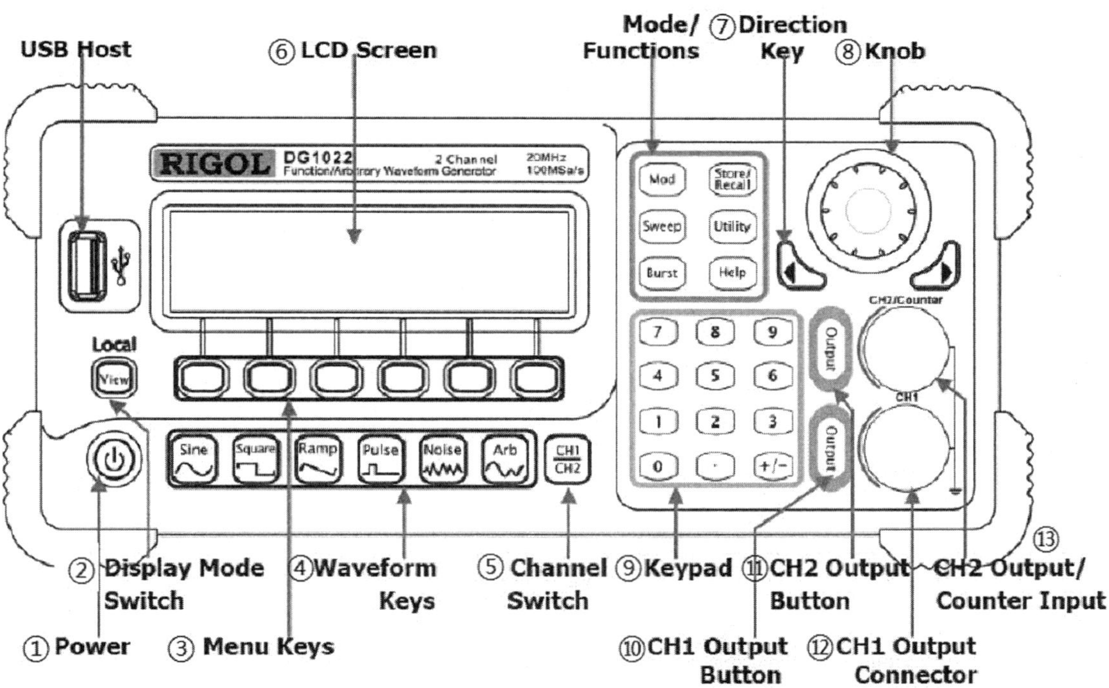

[그림 3-1] 함수 발생기 전면 판넬

① Power (전원 버튼) : 전원을 On/Off하는데 사용된다.

② Display Mode Switch (화면 모드 전환) : 버튼을 누를 때 마다 아래 세 가지의 모드로 된다.

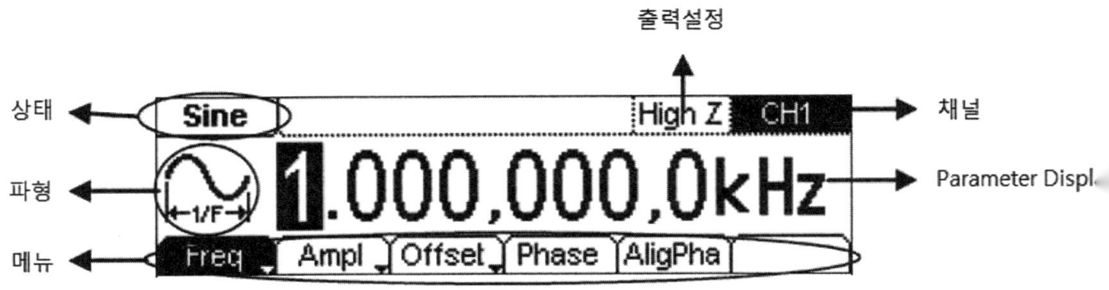

[그림 3-2] 메인 모드(단일 채널)

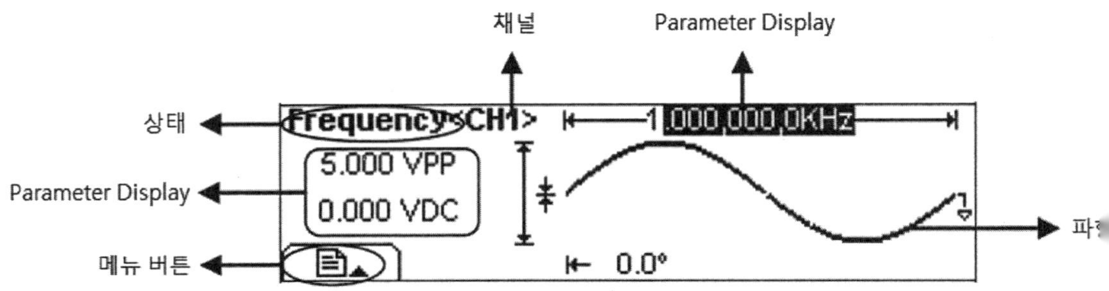

[그림 3-3] 그래프 모드(단일 채널)

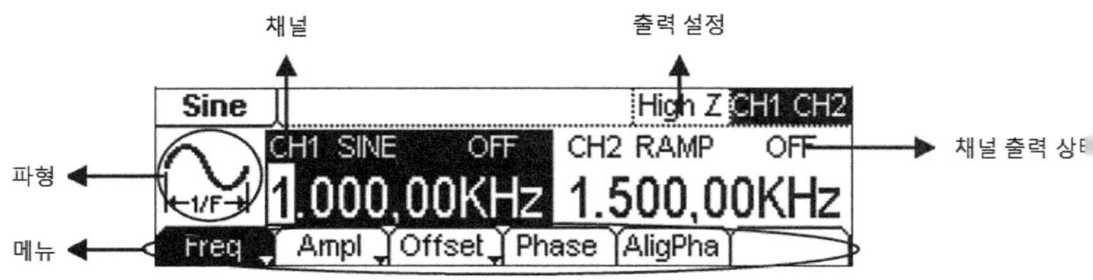

[그림 3-4] 메인 모드(듀얼 채널)

③ Menu Keys (메뉴 키) : 각 모드에 따라 다른 기능을 가지는 버튼이다.

④ Waveform Keys (파형 선택 버튼) : 파형의 종류를 선택하는 버튼이다.

- Sine : 사인파
- Square : 구형파
- Ramp : 삼각파

- Pulse : 펄스 신호
- Noise : 잡음 신호
- Arb : 임의적인 신호

⑤ Channel Switch (채널 변환 버튼) : CH1과 CH2 중에서 사용하는 채널을 바꾼다.

⑥ LCD Screen (LCD 화면) : 현 상태를 표시한다.

⑦ Direction Key (방향키) : 표시된 숫자의 자리수를 변경한다. (예: 1의 자리 -> 10의 자리)

⑧ Knob (노브) : 숫자의 값을 바꾸기 위해 사용한다. 시계방향으로 돌리면 숫자의 값이 증가하고, 반시계방향으로 돌리면 감소한다.

⑨ Keypad (키패드) : 직접 숫자의 값을 입력하기 위해 사용한다.

⑩ CH1 Output Button (CH1 출력 설정 버튼) : CH1의 출력 여부를 설정한다.

⑪ CH2 Output Button (CH2 출력 설정 버튼) : CH2의 출력 여부를 설정한다.

⑫ CH1 Output Connector (CH1 출력 커넥터) : CH1의 출력을 연결하기 위한 커넥터이다.

⑬ CH2 Output/Counter Input (CH2 출력 커넥터) : CH2의 출력을 연결하기 위한 커넥터이다.

3.2 사용법

① 전원 버튼을 누른다.

② 파형 버튼을 눌러 출력하고자 하는 파형을 선택한다.

[그림 3-5] Waveform Keys

③ 메뉴 키와 노브, 방향키, 키패드를 이용하여 출력하고자 하는 파형의 주파수, 진폭, 오프셋, 듀티비, 위상을 설정한다.

파형	메뉴	메뉴 설명	범위
	Freq	주파수 설정	1μHz ~ 20MHz
	Ampl	진폭 설정	$2mV_{pp}$ ~ $10V_{pp}$ (50Ω) $4mV_{pp}$ ~ $20V_{pp}$ (High Z)
	Offset	오프셋 설정	-10 < 오프셋 + $V_{pp}/2$ < 10
	Phase	위상 설정	-180° ~ 180°
	Freq	주파수 설정	1μHz ~ 5MHz
	Ampl	진폭 설정	$2mV_{pp}$ ~ $10V_{pp}$ (50Ω) $4mV_{pp}$ ~ $20V_{pp}$ (High Z)
	Offset	오프셋 설정	-10 < 오프셋 + $V_{pp}/2$ < 10
	DtyCyc	듀티비 설정	20% ~ 80%
	Phase	위상 설정	-180° ~ 180°
	Freq	주파수 설정	1μHz ~ 150kHz
	Ampl	진폭 설정	$2mV_{pp}$ ~ $10V_{pp}$ (50Ω) $4mV_{pp}$ ~ $20V_{pp}$ (High Z)
	Offset	오프셋 설정	-10 < 오프셋 + $V_{pp}/2$ < 10
	Symm	균형 설정	0% ~ 100%
	Phase	위상 설정	-180° ~ 180°
	Freq	주파수 설정	500μHz ~ 3MHz
	Ampl	진폭 설정	$2mV_{pp}$ ~ $10V_{pp}$ (50Ω) $4mV_{pp}$ ~ $20V_{pp}$ (High Z)
	Offset	오프셋 설정	-10 < 오프셋 + $V_{pp}/2$ < 10
	DtyCyc	듀티비 설정	0.05% ~ 99.95%
	Dela	딜레이(지연) 설정	0초 ~ 500초

④ BNC - 악어 잭 케이블을 출력하고자 하는 채널의 출력 커넥터에 연결 한다.

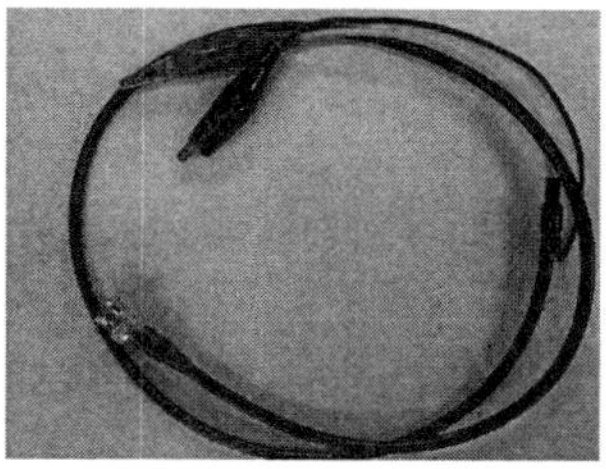

⑤ 출력하고자 하는 채널의 출력 설정 버튼을 눌러 출력이 가능하게 한다.

4. 오실로스코프

오실로스코프는 회로의 상태를 파형으로 측정할 수 있는 장치이며, 전압 및 주기와 주파수 등을 측정할 수 있다.

전면 판넬에는 LCD 표시기와 노브와 버튼들이 [그림 4-1]과 같이 배치되어 있으며, 버튼과 노브들의 정의는 다음과 같다.

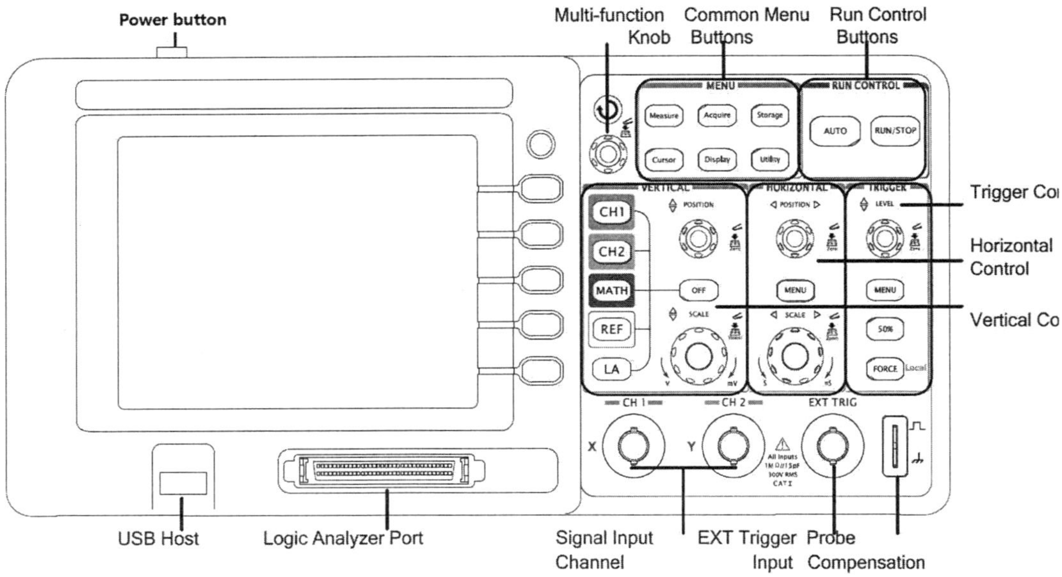

[그림 4-1] 전면 판넬

① 메뉴버튼 : 측정(Measure), 커서(Cursor), 데이터획득(Acquire), 디스플레이(Display), 저장(Storage)과 유틸리티(Utility) 메뉴로 구성된다.

② 수직(Vertical)버튼 : CH1, CH2, MATH, REF와 LA 메뉴로 구성되며, OFF 버튼은 현재의 파형설정이나 활성화된 메뉴를 꺼지게 한다.

③ 수평(Horizontal)버튼 : 수평축 관련 메뉴이다.

④ 트리거(Trigger)버튼 : 트리거에 관련된 메뉴로서 50% 트리거 레벨 또는 강제(FORCE) 트리거 기능을 갖는다.

⑤ 실행(Action)버튼 : 자동(AUTO)과 수행/중지(RUN/STOP)를 제어한다.

⑥ 기능(Function)버튼 : LCD 오른쪽에 배치된 다섯 개의 회색 버튼으로 구성되며, 현재 활성화된 메뉴에서의 동작을 선택할 수 있다.

⑦ 노브(Knobs) : 수직축 혹은 수평축을 제어하기 위한 다이얼 버튼이며, POSITION, SCALE 과 trigger LEVEL이 있다.

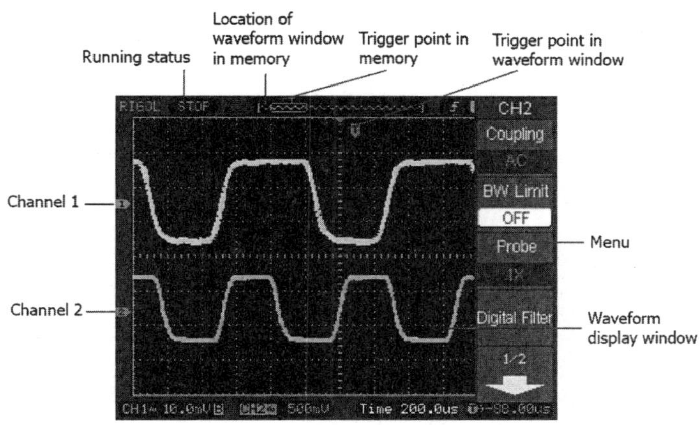

[그림 4-2] 디스플레이 화면

4.1 기능 체크

1) 장비 켜기

① 오실로스코프에 전원을 연결한다.

② 오실로스코프의 전원 스위치를 누르고, 파형이 표시되기까지 기다린다.

2) 오실로스코프 채널 입력 체크

① 프로브를 오실로스코프의 채널1(ch1)에 연결한다.

② [그림 4-3]과 같이 프로브 팁을 프로브 보상 커넥터에 연결한다.

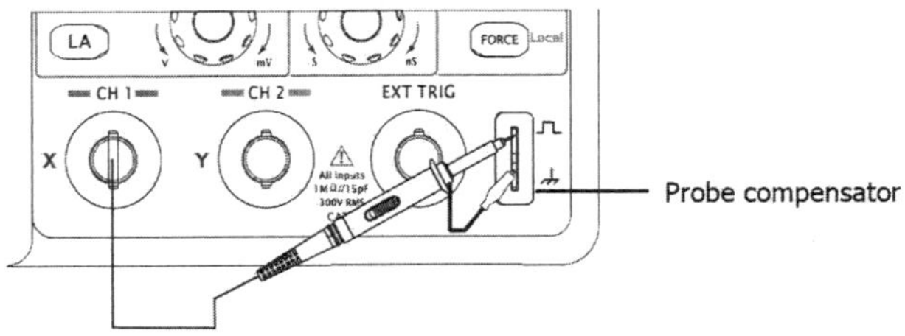

[그림 4-3] 채널에 입력신호 연결하기

③ 오실로스코프의 AUTO버튼을 누른다. 잠시 기다리면 화면에 1kHz, 3V peak-to-peak의 구형파가 표시된다.

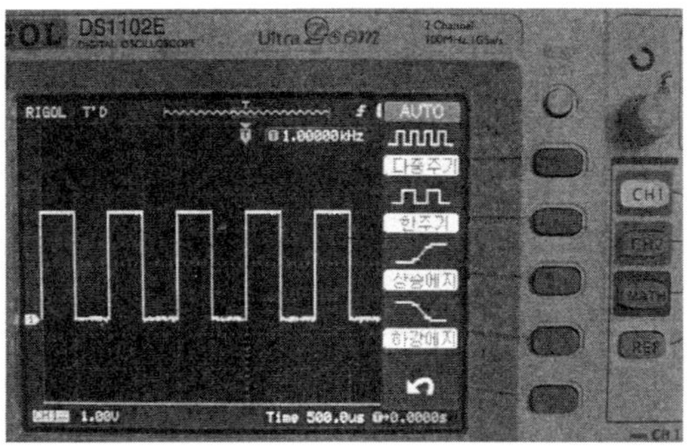

[그림 4-4] 1kHz, 3V peak-to-peak의 구형파 표시 화면

④ CH1 버튼 또는 OFF 버튼을 누르면 CH1의 파형출력이 꺼진다. 채널2를 사용할 경우 프로브 연결단을 CH2에 연결한 후 CH2 버튼을 누르고 단계 ②번과 ③번을 반복한다.

4.2 수직축/수평축/트리거 설정 버튼

4.2.1 수직축(Vertical) 설정 버튼

[그림 4-5]는 수직축의 설정 버튼을 보여주며, 기능은 다음과 같다.

1) CH1, CH2

이 버튼은 LCD창에 신호를 표시할 채널을 선택하며, 누를 때마다 선택과 해제를 반복한다. 표시 선택이 된 경우에는 녹색 LED가 들어오며, 해제가 되면 녹색 LED가 꺼지게 된다.

2) POSITION 노브 사용

- POSITION 노브는 신호를 상하(수직방향)로 이동시킨다.
- POSITION 노브를 돌리면 접지 기준 값을 화면의 중심에서 위 아래로 이동시킬 수 있다. 또한 화면 왼쪽의 그라운드(접지)표시가 같이 따라서 움직임을 볼 수 있다.
- POSITION 노브를 누르면 그라운드 표시가 화면의 정중앙으로 리셋 된다.

3) SCALE 노브 사용

- SCALE 노브를 돌리면 수직축의 그리드 눈금(전압) 간격 값이 변경된다.
- SCALE 노브를 누를 때마다 그리드 눈금 간격 값을 미세(Fine) 또는 큰(Coarse) 값으로 변경할 수 있다.

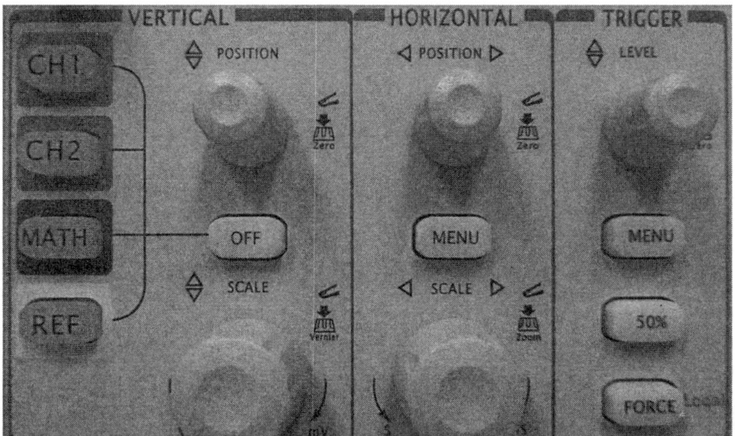

[그림 4-5] 수직축 및 수평축 설정 버튼과 트리거 설정 버튼

4.2.2 수평축(Horizontal) 설정

[그림 4-5]는 수평축의 설정 버튼을 보여주며, 기능은 다음과 같다.

1) POSITION 노브 사용

- POSITION 노브는 신호를 좌우(수평방향)로 이동시킨다.
- POSITION 노브를 돌리면 파형을 화면의 중심에서 좌우로 이동시킬 수 있다. 또한 화면 상단의 수평축 오프셋이 같이 따라서 움직인다.
- POSITION 노브를 누르면 수평축 오프셋이 0으로 설정되며, 이 기능은 트리거 점이 화면 바깥에 있거나 화면의 중심으로 옮길 때 아주 편리하다.

2) SCALE 노브 사용

- SCALE 노브를 돌려 수평 축의 눈금(시간) 간격을 변경한다. 이 때 파형과 우측하단의 시간(화면의 모눈 한 칸의 시간수치)이 변경되는 모습을 볼 수 있다.
- SCALE 노브를 누르면 지연스캔모드(줌)를 켜거나 끌 수 있다.

MENU 키를 누르면 시간(Time) 메뉴가 나타나며, 이 메뉴에서 지연스캔모드(줌) 모드로 들어가거나 나갈 수 있다. 디스플레이를 Y-T, X-Y 혹은 ROLL 모드로 할 수 있으며, 수평축 POSITION 노브를 이용하여 트리거 오프셋을 조절할 수 있다.

4.2.3 동기(Trigger) 설정

트리거는 오실로스코프가 데이터를 취득하여 디스플레이를 시작할 시점을 결정하며, 트리거가 잘 설정되었을 때 안정된 파형이 표시된다. [그림 4-5]는 트리거 제어를 위한 설정 버튼을 보여주며, 트리거 레벨 노브와 3개의 소프트 버튼이 있다.

- ◎LEVEL 노브를 돌리거나 50% 버튼을 누르면 화면상에 두 가지의 변화가 발생하며, 첫째로 트리거 레벨이 화면의 하단 왼쪽에 표시된다. 만일 트리거가 DC 결합이면 트리거 레벨값은 전압값으로 표시되며, AC 결합이거나 LF reject이 되었다면 트리거 영역에서 퍼센트(백분율)로 표시된다. 둘째로 트리거 레벨의 위치를 보여주는 줄이 표시된다.
- ◎LEVEL 노브를 누르면 트리거 레벨이 0이 된다.(단축키)
- 50% 버튼을 누르면 트리거 레벨이 신호의 중심에 설정된다.
- FORCE 버튼을 누르면 적절한 트리거 신호를 무시하고 신호를 인식하며, 보통 “Normal” 또는 ”Single” 트리거 모드에서 사용한다.
- 메뉴 버튼을 누르면 모드, 소스, 기울기 등의 선택 항목들이 화면에 표시된다.

4.3 런 제어(Run Control) 버튼

[그림 4-5] 런 제어 버튼

4.3.1 자동 표시(AUTO 버튼)

사용자에게 가장 관측하기에 적합한 형태로 입력신호를 보여주기 위하여 자동적으로 측정조건이 설정된 후 신호파형이 자동적으로 LCD 창에 표시된다. 이 기능을 사용하기 위해서는 입력신호의 주파수가 50Hz 이상이거나 듀티비가 1% 이상이어야 한다. 이 버튼을 누르면 오실로스코프는 수직축, 수평축, 트리거에 대한 설정을 자동적으로 수행하며, 이 상태에서 좀 더 명확한 신호관측을 위한 수동조작이 가능하다.

4.3.2 RUN/STOP 버튼

파형 샘플링의 동작과 정지를 선택한다. RUN 중에는 버튼에 녹색 불이 들어오며, STOP 중에는 버튼에 빨간색이 들어오면서 LCD 창에는 신호가 정지상태로 표시된다.

4.4 간단한 측정 방법

이 기능은 알려지지 않은(미지의) 신호를 관측하는데 사용하고, 주파수와 peak-to-peak 진폭을 측정하여 디스플레이 한다.

4.4.1 빠르게 측정하는 방법

① 수직축의 CH1(CH2)을 눌러 녹색불이 들어오게 한다.(표시 채널 선택)

② 프로브를 오실로스코프의 채널1(채널2) 입력단자와 측정하고자 하는 회로에 각각 연결한다.(신호 연결 및 입력)

③ AUTO 버튼을 누른다.(LCD 창에 자동 표시)

④ 표시 화면을 수정하고자 하는 경우에는 수직축 및 수평축의 노브를 조작하여 원하는 화면으로 만들어 파형값을 측정하도록 한다.

4.4.2 파형값 자동 읽기(측정하기)

이 기능은 LCD 창에서 표시된 파형의 전압 및 주기 등의 값을 자동으로 측정하여 그 결과 값을 LCD 하단에 표시하는 방법이다.

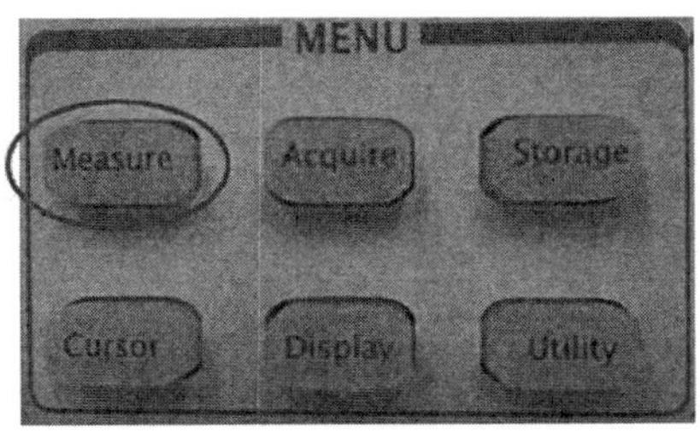

[그림 4-6] Measure 버튼

◈ **peak-to-peak 진폭측정방법:**

① Menu 버튼에서 "Measure"를 눌러 메뉴화면이 표시되게 한다.(Measure 선택)

② 메뉴 화면에서 측정하고자 하는 채널을 선택한다.(소스원 선택)

③ 메뉴 항목에서 "전압측정"을 눌러 "최대치/최소치/피크치/정상치/기준치/전압폭/평균값/실효치/오버슈트/프리슈트" 중에서 "피크치" 항목을 선택노브로 선택한 후 "전압측정" 버튼을 누르게 되면 선택된 측정값이 화면 하단에 표시된다.

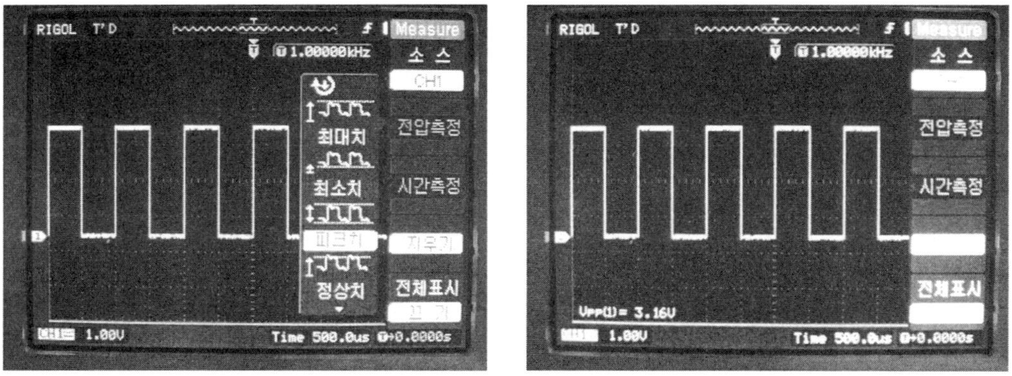

[그림 4-7] "전압측정 -> 피크치" 선택 표시 화면

◈ 주파수 측정방법

① Menu 버튼에서 "Measure"를 눌러 메뉴화면이 표시되게 한다.(Measure 선택)

② 메뉴 화면에서 측정하고자 하는 채널을 선택한다.(소스원 선택)

③ 메뉴 항목에서 "시간측정"을 눌러 "주기/주파수/상승시간/하강시간/상승폭/하강폭/상승듀티/하강듀티/지연1-2" 중에서 "주파수" 항목을 선택노브로 선택한 후 "시간측정" 버튼을 누르게 되면 선택된 측정값이 화면 하단에 표시된다.

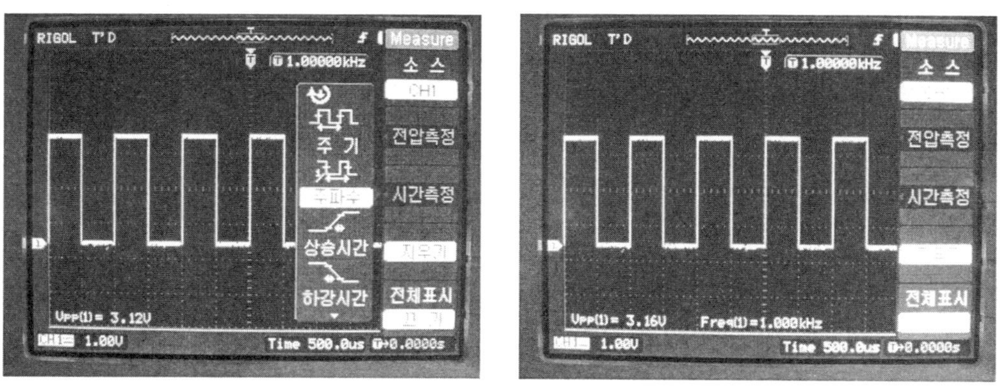

[그림 4-8] "시간측정 -> 주파수" 선택 표시 화면

4.4.3 두 개의 파형 비교

◈ **신호 표시하기**

① 첫 번째 신호를 CH1에 연결하고, 두 번째 신호를 CH2에 연결한다.

② AUTO 버튼을 누른다.

③ SCALE 노브를 이용하여 수직과 수평 값을 조절하여 화면에 출력하기 알맞은 범위로 만든다.

④ CH1 버튼을 누른 후 POSITION 노브를 눌러 위치를 재설정한다.

⑤ CH2도 마찬가지로 재설정하면 두 신호가 화면의 중심에서 겹쳐서 출력된다.

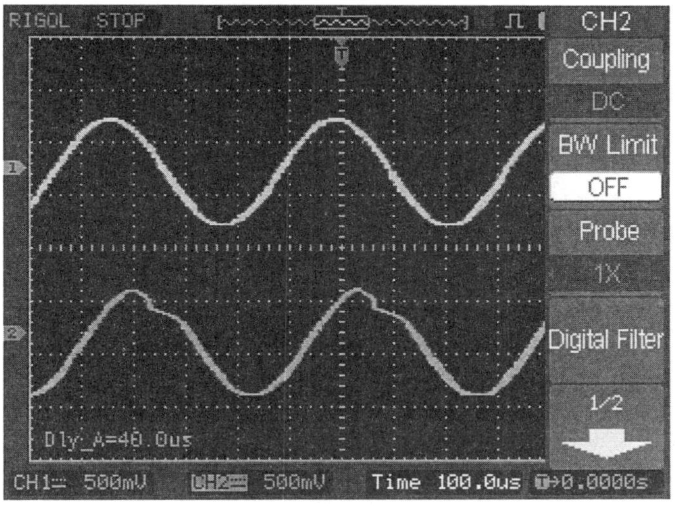

[그림 4-9] 두 채널 신호 표시하기

4.5 추가 기능 알아보기

4.5.1 수직축

1) **채널설정**

각 채널에는 동작메뉴가 있으며, CH1 혹은 CH2 버튼을 누르면 팝업창이 나타난다. 메뉴에서 설정할 수 있는 모든 항목들은 [그림 4-10]과 같다.

메뉴	설명	내용
결합 (Coupling)	AC DC GND	입력신호에서 DC 성분 차단 입력신호에서 AC 또는 DC 성분 통과 입력신호를 연결 안함
주파수 제한 (BW Limit)	ON OFF	잡음을 줄이기 위해 신호 주파수를 20MHz 이하로 제한 입력신호 그대로 표시
프로브 (Probe)	1X 10X 100X 1000X	수직눈금을 읽을 때 수정 없이 읽기 위한 프로브 감쇄기 값 설정
디지털 필터		디지털 필터 설정
↓	1/2	다음 메뉴페이지 표시
↑	2/2	이전 메뉴페이지 표시
Volts/Div	Coarse Fine	SCALE 노브의 분해능을 설정하며, 1-2-5 스텝으로 정의 좀 더 세밀한 스텝으로 조절
반전 (Invert)	ON OFF	반전 모드 활성화 원래 화면으로 복귀

[그림 4-10] 수직축 메뉴 기능

① 채널 결합(Coupling)

예를 들어 CH1을 사용하여 DC 성분이 포함된 사인파형을 입력하고, "CH1→ Coupling→AC"로 설정하면 입력신호에서 DC 성분이 차단되고 표시된다.

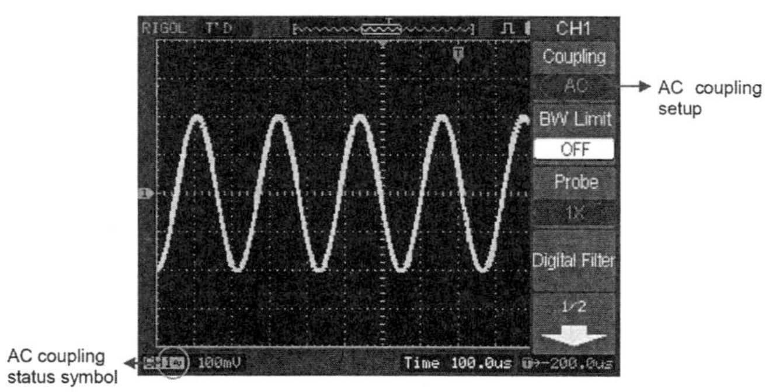

[그림 4-11] AC 신호 입력 표시

"CH1→Coupling→DC"로 하면 AC와 DC 성분 모두 포함된 신호가 표시된다.

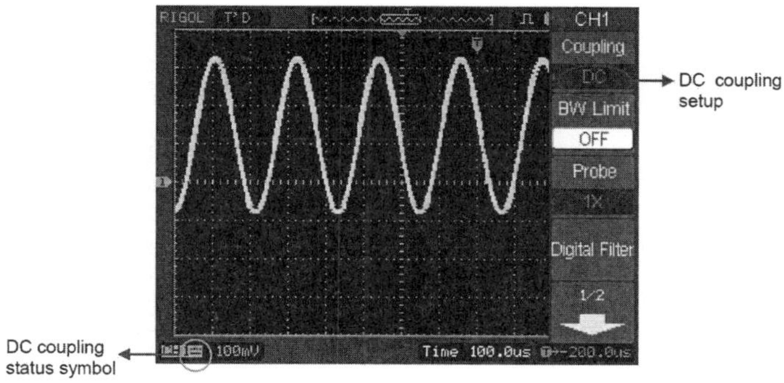

[그림 4-12] AC와 DC 신호 입력 표시

"CH1→Coupling→GND"로 설정하면 입력신호가 차단되고, 화면은 다음과 같이 표시된다.

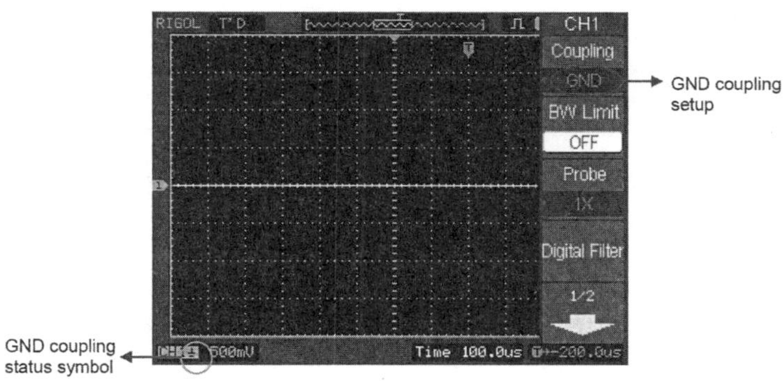

[그림 4-13] GND 설정

② 프로브 보상(감쇄) 설정

프로브(신호 연결 케이블)에는 1X와 10X 선택버튼이 있는데, 10X 쪽을 선택하여 신호를 입력하게 되면 1/10 감쇄된 값으로 오실로스코프상에 표시된다. 반면에 수직축에 있는 CH1 또는 CH2 버튼을 누르게 되면 LCD 창에 "프로브" 선택항목이 있으며, 여기서 선택된 값은 입력되는 신호에 곱해서 표시하라는 의미로 사용된다. 따라서, 케이블 프로브에서 1X, 수직축 프로브에서 1X를 선택한 것과 케이블 프로브에서 10X, 수직축 프로브에서 10X를 선택한 경우 LCD 창에는 같은 상태로 표시되게 된다.([그림 4-14(a), (d)]) 그러나, 케이블 프로브에서 1X, 수직축에서 10X를 선택하게 되면 입력신호에 10배를 해서 표시하게 되므로 [그림 4-14(b)]에서와 같이 눈금 간격이 10V가 된다. 반면에, 케이블 프로브에서 10X, 수직축에서 1X를 선택하게 되면 입력신호를 1/10 감쇄해서 그대로 표시하게 되므로 [그림 4-14(b)]에서와 같이 눈금 간격이 100mV가 된다.

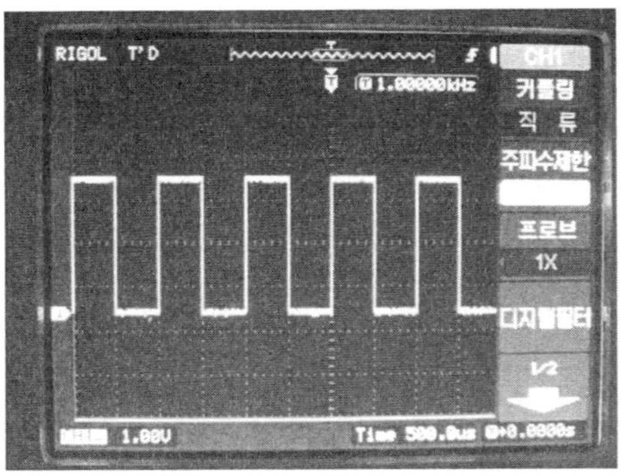

(a) 케이블 프로브 1X, 수직축 프로브 1X

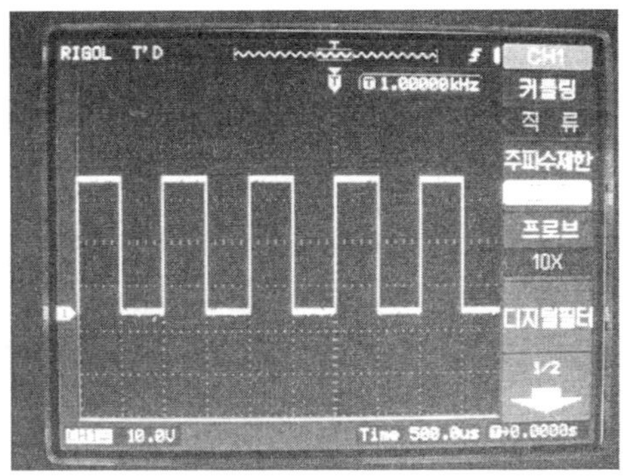

(b) 케이블 프로브 1X, 수직축 프로브 10X

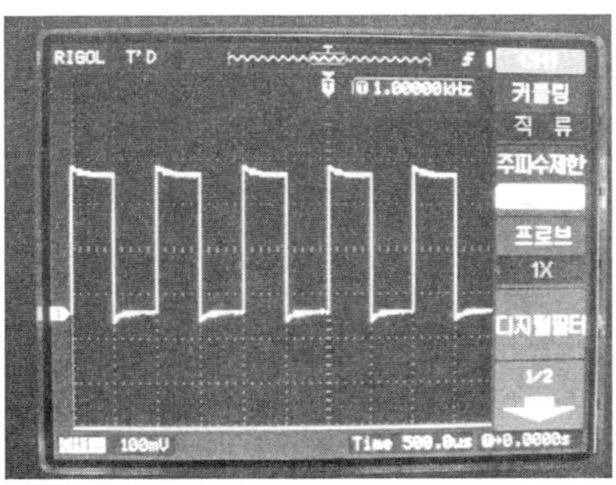

(c) 케이블 프로브 10X, 수직축 프로브 1X

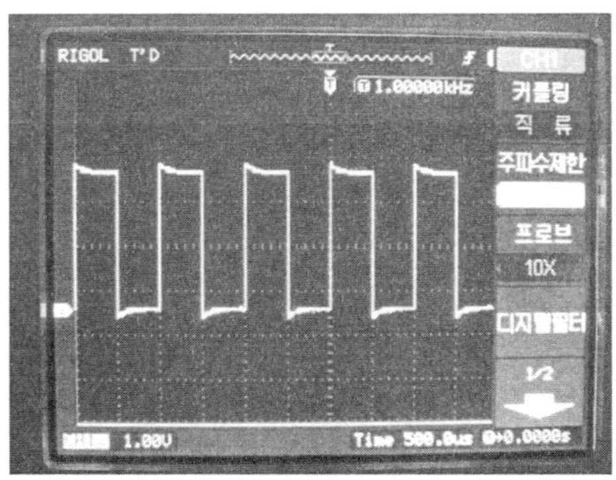

(d) 케이블 프로브 10X, 수직축 프로브 10X

[그림 4-14] 같은 신호를 입력할 때 프로브(케이블, 수직축) 값에 따른 표시 화면

4.5.2 수평축

수평축은 눈금에서 Div당 시간(time)을 보여주며, LCD창에 표시된 파형에는 같은 시간축(time base)을 사용한다. 오실로스코프는 모든 활성화된 채널에서 하나의 시간 값만을 표시하지만, 지연스캔(확대)기능의 경우는 제외한다.

수평축 제어는 파형의 수평축 눈금과 위치를 변경할 수 있고, 수평축(시간) 눈금을 변경함으로써 화면 중앙으로부터 파형을 확대하거나 줄일 수 있다. 수평축 위치변경은 표시된 파형의 위치를 변경시켜 주며 트리거 위치에 따라 연동이 된다.

1) 수평축 메뉴 기능

수평축 메뉴 버튼을 누르면 [그림 4-15]와 같은 수평축 메뉴가 나타난다.

메 뉴	설정	설 명
지연(Delayed)	ON OFF	확대 모드를 켜기 확대 모드 끄기
시간축 (Time Base)	Y-T	수평축 시간과 수직축 전압 사이의 상대적인 관계를 보여줌
	X-Y	CH1을 X축에, CH2를 Y축에 출력
	ROLL	Roll 모드로, 파형이 오른쪽에서 왼쪽으로 갱신되어 표시
트리거 지연 리셋		트리거 오프셋을 가운데로 이동시킨다.

[그림 4-15] 수평축 메뉴 기능

① 지연스캔(Delayed Scan)

메인 파형 창을 확대하는 기능으로서 신호의 좀 더 상세한 분석을 위해 메인 파형의 일부 구간을 수평축으로 확대하고자 하는 위치에 놓고 사용한다. 즉 상세하게 보기 위하여 파형의 한 부분을 확대하는 것이 지연 스캔(Delayed Scan)이다. 다음 단계는 지연 스캔을 어떻게 사용하는지 알려준다.

- 신호를 오실로스코프에 연결하고 안정적인 디스플레이를 시킨다.
- "수평축 메뉴 → Delayed → ON" 또는 수평축 SCALE 노브를 누르면 지연 스캔 모드에 들어간다. 화면은 두 개로 나누어지는데 위쪽 반은 메인 화면창이며 아래쪽 반은 확대된 파형을 표시한다. 메인 파형의 확대된 부분을 지연스캔(Delayed Scan)이라고 한다.

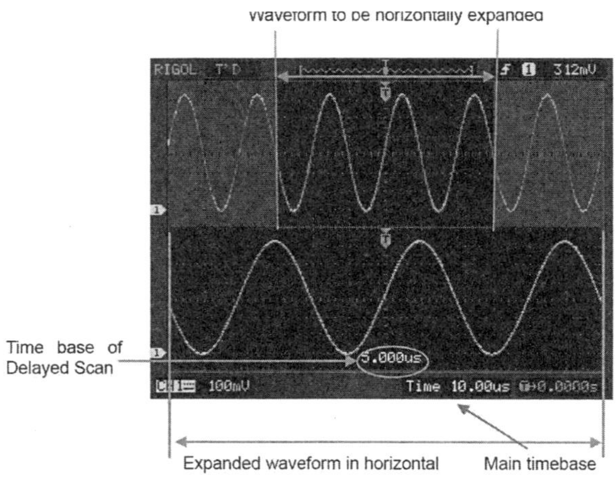

[그림 4-16] 지연스캔 창

윗부분의 두 블록은 그림자로 표시하였고, 그림자 표시가 안 된 두 블록을 아래의 절반 화면에 확대하여 표시하였다. 수평축 POSITION 과 SCALE 노브는 지연스캔에 대한 크기 및 위치를 제어한다. 화면 아래 부분에 표시된 시간은 메인 시간축을 의미하고, 화면 아래 중앙에 표시된 시간은 지연스캔에 대한 시간축을 나타낸다.

수평축 POSITION 노브는 확대된 파형의 위치를 변경하며, 수평축 SCALE 노브는 지연 스캔에 대한 분해능을 조정한다. 메인 시간축을 변경하기 위해서는 지연스캔 모드를 해제하여야 한다.

② X-Y 형식(위상차 측정)

이 형식은 두 신호 사이의 위상차를 관측하는데 유용하다. 수평축(X)에 채널1, 수직축(Y)에 채널2를 입력하면 오실로스코프는 트리거모드 작동 없이 점(도트)으로 데이터를 표시한다.

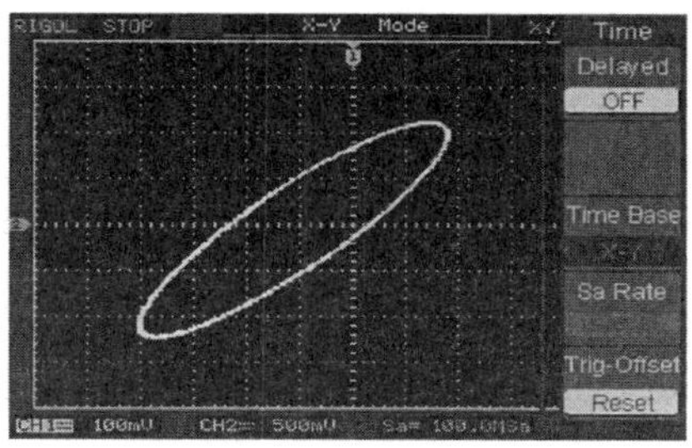

[그림 4-17] X-Y 표시 형식

- CH1과 CH2를 표시한다.(수직축 CH1, CH2 버튼)
- AUTO를 눌러 파형이 화면에 적당하게 나오게 한다.
- HORIZONTAL 항목의 MENU 버튼을 누른다.
- 위 메뉴에서 표시종류 항목을 XY로 설정한다.
- 키 및 POSITION, SCALE 노브를 이용해 세부적인 조절을 한다.

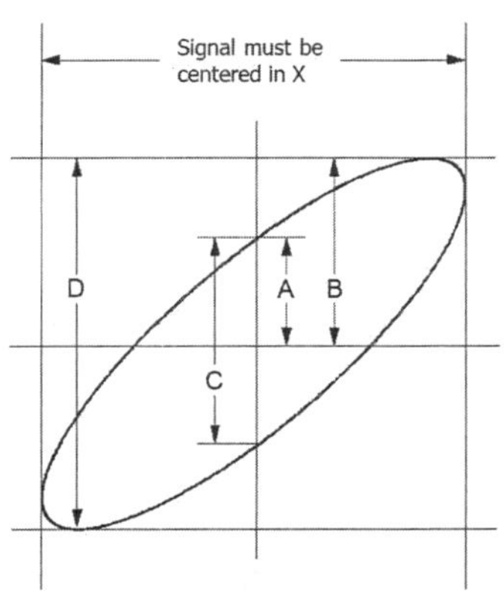

[그림 4-18] X-Y 응용동작

$$\sin\theta = A/B \text{ or } C/D \ (\theta : \text{두 신호 사이의 위상차})$$

$$\Theta = \pm \text{arcsine}(A/B) \text{ or } \pm \text{arcsine}(C/D)$$

타원의 주축이 1, 3 분면에 있다면 (0~n/2) 혹은 (3n/2~2n)범위에 있어야 하고, 메인 축이 2분면과 4분면에 있다면 (n/2~n) 혹은 (n~3n/2) 범위에 있어야 한다.

4.5.3 트리거

트리거는 오실로스코프가 데이터를 취득하여 디스플레이를 시작할 시점을 결정하며, 트리거가 잘 설정되었을 때 안정된 파형이 표시된다. 트리거 메뉴 버튼을 누르면 [그림 4-19]와 같은 트리거 메뉴가 나타난다.

메뉴	설명	내용
모드 (Mode)	에지 펄스 기울기 비디오 교체	Edge : 특정 기울기 방향에서 특정 트리거 레벨을 통과할 때 트리거 발생 Pulse : 어떠한 특정 펄스폭을 가진 펄스 신호를 잡을 경우 Slope : 신호의 상승 혹은 하강 시 트리거 Video : 표준 비디오 신호에 대한 필드 (Fields)나 라인(Lines)에 대한 트리거 Alternative : 비동기 신호에 대한 트리거
트리거원 (Source)	CH1 CH2 EXT	CH1 선택 CH2 선택 EXT Trig 선택
기울기 (Slope)	Rising Falling ↑↓Rising & Falling	상승에지 트리거 하강에지 트리거 상승 및 하강에지 트리거
스위프 (Sweep)	Auto Noral Single	트리거 안되어도 파형 획득 트리거 발생시 파형 획득 트리거 발생시 한 번 파형 획득 후 정지
설정(Set up)		설정 메뉴 표시

[그림 4-19] 트리거 메뉴 기능

4.5.4 디스플레이 시스템 설정

[그림 4-20]은 전면 판넬에서 디스플레이 시스템에 대한 메뉴 버튼을 보여준다. Display를 누르면 [그림 4-21]과 같은 팝업메뉴 창이 뜬다.

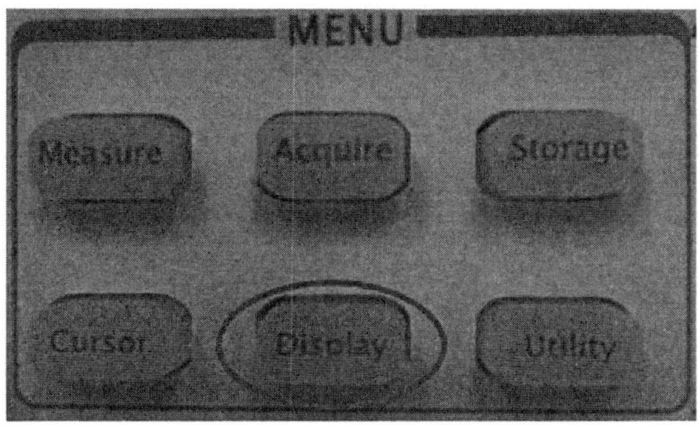

[그림 4-20] 디스플레이 버튼

메뉴	설정	설명
형태(Type)	벡터수	파형을 벡터(선)로 표현
	점	파형을 점으로 표현
지우기(Clear)		스크린에 있는 모든 파형 지우기
파형지속 (Persist)	Infinite(무한) OFF	persistence "OFF"될 때까지 샘플데이터를 계속 표시 지속 기능 끄기
파형밝기 (Intensity)	↻ <퍼센트>	파형 밝기 설정
눈금격자 (Grid)	▦	좌표 눈금 형식으로 표시
	⊞	눈금형태 끄기
	□	좌표와 눈금 모두 끄기
화면밝기 (Brightness)	↻ <퍼센트>	화면 밝기 설정
메뉴 (Display)	1s/2s/5s/20s/ Infinite(무한)	메뉴가 켜져 있는 지속시간 설정
Screen	Normal Invert	NORMAL 모드 설정 화면의 색상을 반전시킴

[그림 4-21] 디스플레이 메뉴에 대한 기능

4.5.5 커서를 이용한 측정

LCD 화면에 표시된 파형에 대해 수평 및 수직 커서를 이용하여 전압 및 시간을 측정할 수 있다. 수평 및 수직으로 각각 두 개씩의 커서가 표시되고, 이들 커서의 위치값과 두 커서의 차이값이 표시되어 전압과 시간, 전압차와 시간차를 측정할 수 있다.

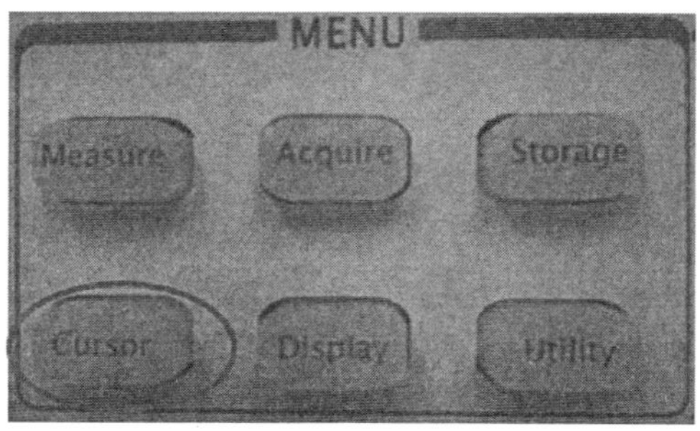

[그림 4-22] Cursor(커서) 버튼

메뉴	설명	내용
Mode	수동	커서를 수동적으로 이동시키면서 측정
Type	X Y	수평축(시간) 값을 측정하기 위해 수직 커서가 표시됨 수직축(전압) 값을 측정하기 위해 수평 커서가 표시됨
Source	CH1 CH2	측정 신호원 선택
CurA- -		커서 A 선택 및 해제
CurB- -		커서 B 선택 및 해제

[그림 4-23] 커서 메뉴 기능

① Cursor 버튼을 눌러 메뉴를 띄운다.

② 모드메뉴를 '수동'으로 선택한다.

③ Type를 X로 놓으면 원하는 위치의 수평(시간)값을 측정할 수 있으며, Y로 놓으면 수직(전압)값을 측정할 수 있다.([그림 4-24])

④ 움직일 커서는 CurA 또는 CurB 기능 버튼을 누르면 선택되며, 버튼을 누를 때마다 선택과 해제가 반복된다. 또는 노브(↻) 버튼을 누르면 CurA → CurB → CurA, CurB 동시 → CurA 와 같이 순차적으로 선택되어진다.

⑤ 움직일 커서는 노브(↻) 버튼을 돌려 원하는 위치로 이동시킬 수 있다.

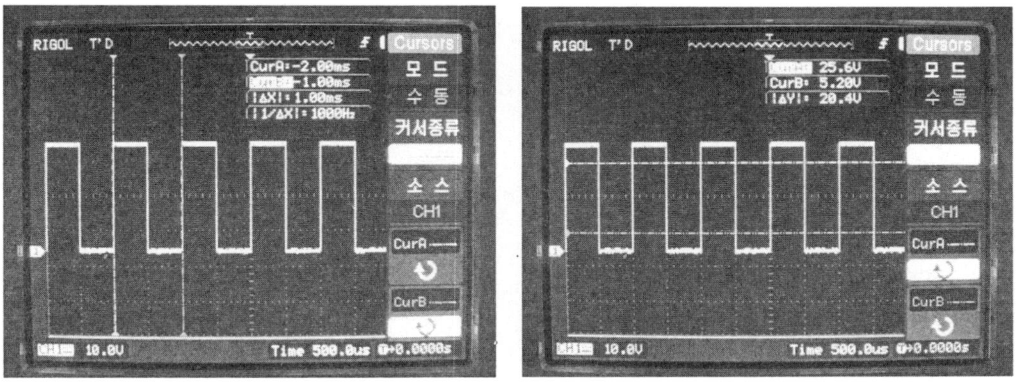

(a) 커서종류 X 선택 화면　　　(b) 커서종류 Y 선택화면

[그림 4-24] 커서를 이용한 측정 화면

도서출판 Ohm사

실용 모터제어 시리즈①

직류전동기 제어 기술

이 책은 실제로 전동기 제어 시스템의 하드웨어를 설계하고 제어 프로그램을 작성하는 실용적인 기술을 다루고자 하며, 스스로 이 분야의 기술을 익혀서 졸업작품을 만들고자 하는 관련 학과의 학생이나 산업체에서 이 분야의 기술개발 업무를 수행하는 현장 엔지니어들에게도 도움이 될 것입니다.

실용 모터제어 시리즈 ③ - 단상 유도전동기 제어 기술(계획중)
실용 모터제어 시리즈 ④ - 벡터제어 인버터 설계 기술(계획중)

OK-128 DCM KIT

항목	사양	비고
1. MCU	ATmega128A-AU(16 MHz)	16 MHz 수정발진자 사용
2. ROM	MCU에 내장된 128KB의 플래시 메모리	프로그램 저장용
3. RAM	MCU에 내장된 4KB	스택 및 사용자 데이터 저장용
4. 프로그램 입력/실행	1. 표준 USB형 AVRISP mkII 다운로드 케이블 2. 병렬포트형 AVR ISP 다운로드 케이블	본 키트에서는 JTAG 에뮬레이터를 사용하지 못함
5. I/O	1. MCU 프로그램용 6핀 컨넥터 2. MCU가 직접 제어하는 기본 I/O 기능 ① 3.2인치 240×320 픽셀 TFT-LCD 모듈 ② 4개의 키입력 스위치(KEY1~KEY4) ③ +5V용 버저 ④ 시스템 모드 설정용 2비트 DIP 스위치 ⑤ RS-232C 직렬포트(CN5) ⑥ 12비트 2채널 D/A 컨버터 MCP4822 3. 모터제어를 위한 I/O 기능 ① 3개의 RC 서보모터 제어 컨넥터 (CN6~8) ② 2SC1815를 사용한 초소형 직류전동기 단방향 제어 컨넥터(CN9) ③ IRF530을 사용한 소형 직류전동기 단방향 제어 컨넥터(CN10) ④ L298을 사용한 소형 직류전동기 양방향 제어 컨넥터(CN12) ⑤ 2상/4상 스테핑 모터 제어 컨넥(CN13) ⑥ 전동기 속도 및 방향 검출 컨넥터(CN11) ⑦ 전동기 회전방향 표시용 LED(LED2~3) ⑧ 기준속도 입력용 가변저항(VR1) ⑨ 전동기 전류 검출용 션트저항(R20)	Atmel사의 AVR ISP 표준 터치 스크린 기능 포함 0~+5V 범위의 아날로그 출력 가능 RC 서보모터 HS-311 사용 초소형 직류전동기 FM1502 사용 소형 직류전동기 RA-35GM 사용 소형 직류전동기 RA-35GM 사용 스테핑 모터 NK243 사용 A상 및 B상 신호 입력 LED2(적)=정방향, LED3(녹)=역방향 A/D 컨버터로 읽음 A/D 컨버터로 읽음
6. 전원	+5V(3A 이상), +12V(1A 이상)	키트 내부에서 +3.3V를 만들어 사용함
7. PCB 외형	150 x 112mm 양면 에폭시 기판	

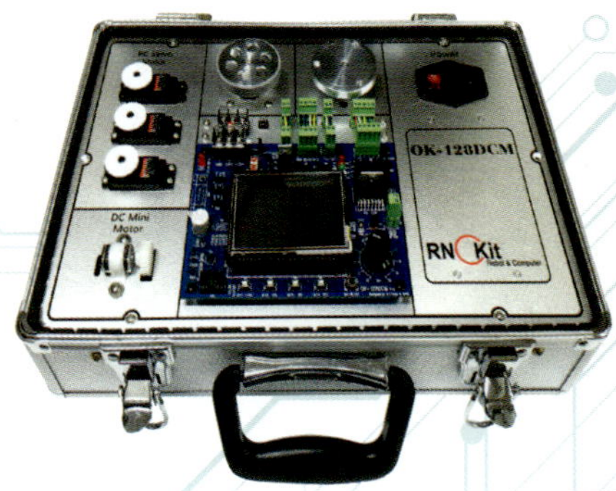

도서출판 Ohm사

실용모터제어 시리즈②

BLDC 모터 제어 기술

이 책은 실용 모터제어 시리즈의 두번째로서 현재 시대적으로 매우 각광받고 있는 BLDC 모터의 제어 기술을 취급한다. 전통적인 직류전동기와의 차이점을 이해하고, 이를 제어하는 시스템의 하드웨어를 설계하며 제어 프로그램을 작성하는 기술을 직접 독자들이 따라 하면서 단계적으로 익힐 수 있도록 설명할 것입니다.

실용 모터제어 시리즈 ③ - 단상 유도전동기 제어 기술(계획중)
실용 모터제어 시리즈 ④ - 벡터제어 인버터 설계 기술(계획중)

OK-128 BLDC KIT

항목	사양	비고
1. MCU	ATmega128A-AU(16 MHz)	16 MHz 수정발진자 사용
2. ROM	MCU에 내장된 128KB의 플래시 메모리	프로그램 저장용
3. RAM	MCU에 내장된 4KB	스택 및 사용자 데이터 저장용
4. 프로그램 입력/실행	1. 표준 USB형 AVRISP mkII 다운로드 케이블 2. 병렬포트형 AVR ISP 다운로드 케이블	본 키트에서는 JTAG 에뮬레이터를 사용하지 못함
5. I/O	1. MCU 프로그램용 6핀 컨넥터 2. MCU가 직접 제어하는 기본 I/O 기능 ① 3.2인치 240×320 픽셀 TFT-LCD 모듈 ② +5V용 버저 ③ 모터 방향 설정용 토글 스위치(SW1) ④ 동작모드 설정용 2비트 DIP 스위치(SW2) ⑤ 기준속도 입력용 가변저항(VR1) ⑥ 모터 구동용 게이트 신호(UT, VT, WT) ⑦ 모터 구동용 PWM 신호(UB, VB, WB) 3. 모터제어를 위한 I/O 기능 ① BLDC 모터 제어 전용 IC 소자 LB11920을 사용한 모터 M1 접속 컨넥터(CN5) ② ATmega128A MCU가 직접 처리하는 모터 M2 접속 컨넥터(CN6) ③ 모터 회전속도 검출을 위한 홀센서 신호 4체배 회로(U8, 74HC86) ④ 모터 회전방향 검출을 위한 플립플롭 회로(U9, 74HC74) ⑤ 모터 전류 검출용 션트저항(R33)	Atmel사의 AVR ISP 표준 BLDC 모터 BL42S-24026N 사용 BLDC 모터 BL42S-24026N 사용 0.1Ω/1W/1%
6. 전원	+24V(2A 이상)	키트 내부에서 +12V, +5V, +3.3V를 만들어 사용함
7. PCB 외형	168×107mm 양면 에폭시 기판	

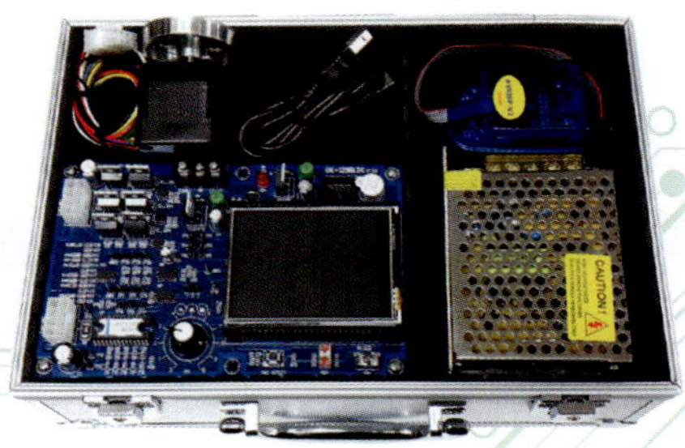

도서출판 Ohm사

다양한 실습이 가능한

ATmega128 기초와 응용1

이 책은 ATmega128의 기초부터 응용까지 활용할 수 있으며, AVR의 모든 기능에 대한 기초 예제와 센서, 블루투스, WiFi 등의 무선 모듈, LCD와 같은 다양한 응용 예제를 다루고 있어서, AVR을 입문부터 중급까지의 실험이 가능합니다.

KUT-128_COM KIT

항목	사양
초음파 센서(HC-SR04)	초음파를 발생하여 거리 등을 계산하는데 사용
4Digit 7-Segment	4개의 숫자표시가 가능
Analog 가속도 센서(MMA7361)	X,Y,Z 3축의 Analog 출력
Digital 가속도 센서(MPU-6050)	I2C 통신이 가능하며 3축 가속도 센서+3축 자이로 센서+온도 측정 가능
WiFi Module	WiFi 통신용 모듈(USART1) ※ 주의 : Bluethooth 모듈과 동시 사용은 안되며 RS-232와는 가능
RS-232용 커넥터	MAX232를 사용한 RS-232통신(USART0)
WiFi용 Reset SW	WiFi 모듈 리셋 또는 공장 초기화 기능
Bluetooth Module(BC04)	블루투스 통신용 모듈(USART1) ※ 주의 : WiFi 모듈과 동시 사용은 안되며 RS-232와는 가능
2X16 Text LCD	2줄에 총 32개의 영문 표시 가능
ATmega128	ATmega128A-AU
LED Part	8개의 LED 제어
외부 인터럽트 SW	스위치 기능 또는 외부 인터럽트 발생용
3Color Dotmatrix	LED Part와 1Color Dotmatrix와 같이 사용할 수 없음 (플랫케이블 사용)
1Color Dotmatrix	LED Part와 3Color Dotmatrix와 같이 사용할 수 없음 (점퍼케이블 사용)

도서출판 Ohm사

ARM Cortex-M 시리즈①

STM32F091 정복

- ARM Cortex-M0 시리즈의 STM32F091VCT6 모델 완전 마스터
- 하드웨어 설계 및 소프트웨어 응용 기술의 단계적 학습
- 상세하고 정확한 설명, 재미있고 유용한 예제 프로그램
- OK-STM091 키트에서 C언어를 통한 프로그래밍 실습
- 103개의 주옥 같은 C언어 예제 프로그램 제공 및 설명
- 3.2인치 컬러 TFT-LCD 모듈의 다양한 응용 프로그램
- 전자 올간, 게임등과 같은 독창적이고 재미있는 프로그램
- MP3 플레이어 하드웨어 내장 및 이를 응용하는 프로 그램
- 대학에서 대학원까지의 고급 MCU 강의 및 실습 교재로 최적

제1장 STM32F091VCT6의 구조와 기능
제2장 STM32F091VCT6의 내장 I/O
제3장 OK-STM091키트 및 개발 툴
제4장 C언어 프로그래밍

OK-STM091 KIT

항목	사양	비고
1. CPU	STM32F091VCT6	48MHz로 동작
2. ROM	CPU에 내장된 256KB의 플래시 메모리	프로그램 및 상수 데이터 저장
3. RAM	CPU에 내장된 32KB의 SRAM	프로그램, 스택, 사용자 데이터 저장
4. 프로그램 입력/실행	1. 전용 JTAG/SWD 에뮬레이터를 사용하는 방법 2. 기타 JTAG/SWD 에뮬레이터를 사용하는 방법	기본으로 ST-LINK/V2 에뮬레이터 사용 J-Link, ULINK 에뮬레이터도 사용 가능
5. I/O	1. CPU 프로그램용 컨넥터 JTAG/SWD 인터페이스용 20핀 컨넥터(CN2) 2. 기본 입출력 장치 ① 16자×2행 텍스트 LCD 모듈 ② 320×240픽셀 터치스크린 TFT-LCD 모듈 ③ SPI를 사용한 SD 카드 인터페이스 ④ 4개의 키입력 스위치(KEY1~KEY4) ⑤ 3개의 터치 센싱 입력(TSC1~TSC3) ⑥ 1개의 상태표시 LED(LED1) ⑦ +5V용 버저 ⑧ RS-232C 직렬통신 컨넥터(CN5) ⑨ CAN 직렬통신 컨넥터(CN5) 3. 기타 입출력 장치 ① +5V, +3.3V 전압센서(ADC0, ADC1) ② 가변저항 VR1에 의한 전압센서(ADC2) ③ LM35DZ 온도센서(U5, ADC3) ④ 2개의 D/A 컨버터 출력(DAC_OUT1/2) 2개의 D/A 컨버터를 사용한 음악연주 출력 ⑤ TV 리모콘 수신회로(U6) ⑥ 14개의 테스트 포인트(TP1~TP14) ⑦ SPI를 사용한 DS3234 리얼타임 클록(U8) ⑧ I2C를 사용한 AT24C16 EEPROM(U7) ⑨ VS1053b를 사용한 MP3 플레이어 회로	ST-LINK/V2 에뮬레이터 사용 별도의 TFT-32A 보드를 장착 사용 별도의 TFT-32A 보드에 내장 표준 9핀 RS-232C 케이블 사용 RS-232C와 CAN을 동일 컨넥터로 사용 A/D 입력 범위는 0V~+3.3V 온도측정 범위는 0~100℃ D/A 출력 범위는 0V~+3.3V CN6 컨넥터에 외장형 스피커를 연결 2.4V 충전용 NiMH 배터리로 전원 백업 CN6 컨넥터에 외장형 스피커를 연결
6. 전원	+5V(키트에서 +3.3V 및 +1.8V 레귤레이터 사용)	
7. PCB	160×130mm 양면 에폭시 기판	

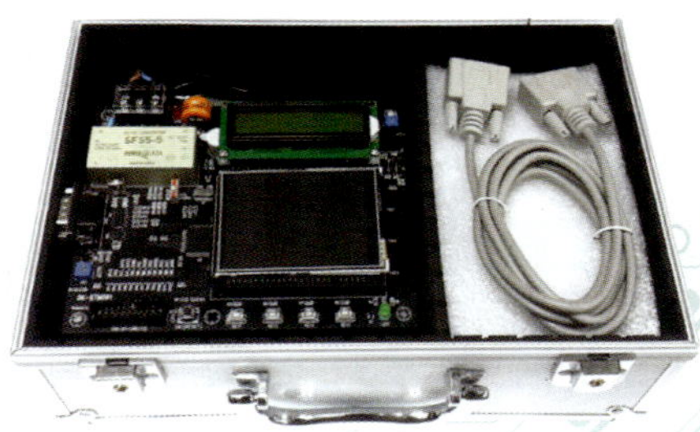

졸업 작품

도서출판 Ohm사

"옴사의 졸업 작품 만들기" 시리즈의 다양한 작품을 Artwork된 PCB와 부품세트로 만나보세요.

오셀로

LED를 밝혀라

지렁이 게임

세균전

레이싱게임

NAVER

닥터R의 블로그
http://blog.naver.com/rnc_ohm

NAVER

닥터R의 MCU. 이야기 카페
http://cafe.naver.com/rnc2013

RNCKit Robot & Computer

RNCKIT 쇼핑몰 / www.rnckit.com

40년 전통의 기술서적 전문 출판사의 자회사로서 학습기기 전문 판매 업체입니다. 도서의 내용에 부합하는 학습기기 뿐만 아니라, 각종 키트, 응용 모듈 등 다양한 제품을 RNCKIT 쇼핑몰에서 만나 보실 수 있습니다.

도서출판 Ohm사

Ohm사 홈페이지 / www.ohm.co.kr

도서출판 Ohm사는 전자정보통신 및 첨단분야의 전문기술서적을 출판하는 40년 전통의 기술서적 전문 출판사입니다.

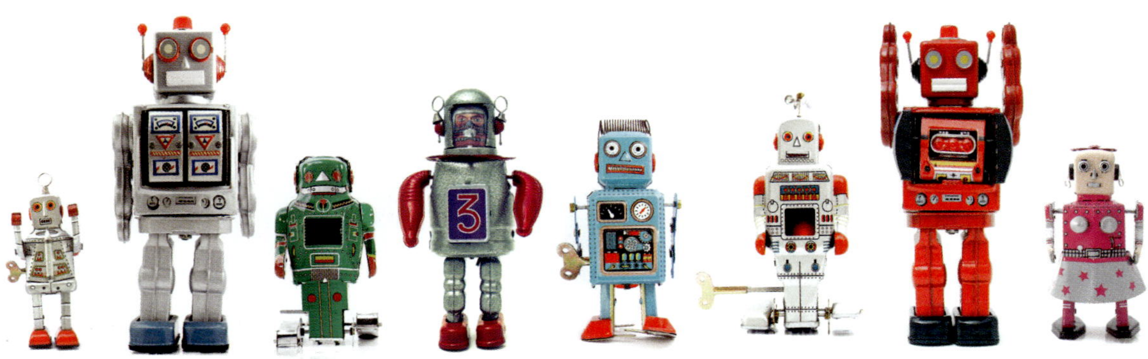

http://www.ohm.co.kr
E-mail : ohm@ohm.co.kr

기초전자실험

1판 4쇄	2016년 8월 20일
초판발행	2011년 8월 20일
저 자	신동욱 저
발 행 인	곽 종 학
발 행 처	도서출판 Ohm사
주 소	140-150 서울 용산구 갈월동 17.세기B/D
전 화	02-776-4868/9
팩 스	02-779-6757
등록번호	1975년 9월 12일 제3-3호

ISBN 978-89-7101-126-3 정가 15,000원